Die aktuelle
E-Zusatzstoff-
Tabelle

W0045025

Die aktuelle
E-Zusatzstoff-
Tabelle

**Farb- und Konservierungsstoffe, Stabilisatoren,
Emulgatoren und andere Zusatzstoffe
in Lebensmitteln und Fertiggerichten**

**Über 750 Angaben zu Herkunft, Verwendung
und möglichen Nebenwirkungen**

Thomas Pilgram · Edgar Dahl

Im FALKEN Verlag sind zum Thema „Gesunde Ernährung"
unter anderem folgende Bücher erschienen:
„Vollwertküche für Genießer" (4412)
„Die feine Vollwertküche" (4286)
„Gesundes Essen für Berufstätige" (1065)
„Die feine vegetarische Küche" (4235)

Die Deutsche Bibliothek – CIP-Einheitsaufnahme

Pilgram, Thomas:
Die aktuelle E-Zusatzstoff-Tabelle : Farb- und Konser-
vierungsstoffe, Stabilisatoren, Emulgatoren und andere
Zusatzstoffe in Lebensmitteln und Fertiggerichten ; über
750 Angaben zu Herkunft, Verwendung und möglichen
Nebenwirkungen / Thomas Pilgram ; Edgar Dahl. –
Niedernhausen/Ts. : FALKEN, 1992
    (FALKEN Bücher)
    ISBN 3–8068–1233–0
NE: Dahl, Edgar:

ISBN 3 8068 1233 0

© 1992 by Falken-Verlag GmbH, 6272 Niedernhausen/Ts.
Die Verwertung der Texte und Bilder, auch auszugsweise,
ist ohne Zustimmung des Verlags urheberrechtswidrig und
strafbar. Dies gilt auch für Vervielfältigungen, Übersetzun-
gen, Mikroverfilmung und für die Verarbeitung mit elektroni-
schen Systemen.
Titelbild: TLC-Foto-Studio GmbH, Velen-Ramsdorf
Die Ratschläge in diesem Buch sind von den Autoren und
vom Verlag sorgfältig erwogen und geprüft, dennoch kann
eine Garantie nicht übernommen werden. Eine Haftung
der Autoren bzw. des Verlags und seiner Beauftragten
für Personen-, Sach- und Vermögensschäden ist ausgeschlossen.
Satz: DM-Service, Rodgau 3
Druck: Franz Spiegel Buch GmbH, Ulm

817 2635 4453 6271

Inhaltsverzeichnis

Vorwort

Lebensmittel werden in zunehmendem Maße nach modernsten technologischen Erkenntnissen entwickelt und produziert. In vielen zeitgemäßen Betrieben gehören elektronische Meß- und Prüfgeräte, sterile Arbeitsräume und vollautomatische Verpackungsanlagen bereits zur Grundausstattung, die einer gewissenhaften Kontrolle unterliegt. Die Lebensmittelhersteller sind bestrebt, geschmacklich, hygienisch und optisch einwandfreie Produkte in reproduzierbarer Qualität auf den Markt zu bringen.

Eine überaus wichtige Rolle spielen in diesem Zusammenhang die vieldiskutierten Zusatzstoffe, denn die hohe Qualität vieler Lebensmittel wurde erst durch den sinnvollen Einsatz einer Reihe von Zusatzstoffen möglich. Beispielsweise gewährleisten sie eine ausreichende Stabilität und Haltbarkeit von Lebensmitteln und dienen somit oftmals unmittelbar der Gesundheit des Verbrauchers. So konnte die Gefahr einer Nahrungsmittelvergiftung durch Bakterien- oder Pilzbefall mit Hilfe moderner Lebensmitteltechnologie auf ein Minimum reduziert werden. Viele Eigenschaften unserer Lebensmittel (zum Beispiel verlängerte Haltbarkeit oder Farbe) werden nicht zuletzt auch vom Verbraucher gewünscht, wie sein Kaufverhalten deutlich zeigt. Aber genau diese Eigenschaften lassen sich oftmals nur durch den Einsatz von Zusatzstoffen erzielen. Kurz: Die Produktion des modernen „High-Tech-Foods" wurde erst durch die Verwendung von Zusatz- und Hilfsstoffen möglich. Darüber hinaus begünstigt die Entwicklung unserer Gesellschaft mit einem zunehmenden Anteil an Single-Haushalten und berufstätigen Frauen diesen Trend zur industriell hergestellter Fertignahrung, denn Zeitersparnis ist hier die Devise.

Zusatzstoffe sind Stoffe, die Lebensmitteln zugesetzt werden, um deren Beschaffenheit zu beeinflussen oder um bestimmte Eigenschaften oder Wirkungen zu erzielen. Gemäß den gesetzlich vorgeschriebenen Kennzeichnungsbestimmungen müssen die Zusatzstoffe auf der Lebensmittelverpackung einzeln (das heißt genau mit dem Namen oder der E-Nummer genannt) oder mit einer Gruppenbezeichnung (zum Beispiel Farbstoffe, Emulgatoren oder Aromastoffe) ausgewiesen werden. Die Zulassung der Zusatzstoffe für bestimmte Lebensmittel erfolgt nach genau festgelegten, strengen Kriterien unter der Grundvoraussetzung, daß der

Zusatz einer Substanz für die Produktion des Lebensmittels technologisch erforderlich ist und daß durch die verwendeten Mengen keine gesundheitlichen Risiken zu erwarten sind. Die Zulassung gilt in der Regel nur für bestimmte Lebensmittel und bis zu genau festgesetzten Höchstmengen. Der Gesetzgeber wird hierbei von einer Fachkommission beraten, die außerordentlich hohe Anforderungen an die analytische und toxikologische Prüfung eines Zusatzstoffes stellt. Außerdem erfolgt ein weltweiter Erfahrungsaustausch, wobei unter anderem mit Gremien der Weltgesundheitsorganisation (WHO), der amerikanischen FDA (Food and Drug Administration) und des SCF (Scientific Commitee for Food) zusammengearbeitet wird. Vergegenwärtigt man sich diese Vorgehensweise, so ist es sicherlich nicht richtig, einzelne Zusatzstoffe pauschal als „Krankmacher" zu bezeichnen. Und bedenken Sie – auch frische Ware ist Umweltgiften, Pflanzenschutzmitteln und Parasiten ausgesetzt.

Sicherlich besteht bei Ihnen das Bedürfnis nach genaueren Informationen zu den einzelnen Zusatzstoffen, zumal ihre Kennzeichnung auf der Verpackung unter der Verwendung chemischer Fachbegriffe, einer Klassenbezeichnung (zum Beispiel Farb- oder Aromastoffe) oder eines Nummernsystems (E-Nummern) erfolgt. Wer kennt zum Beispiel schon E 127, das Erythrosin? Des weiteren kann eine Reihe von Zusatzstoffen bei entsprechend veranlagten Personen Unverträglichkeitsreaktionen und Allergien auslösen, deren Entstehung sich zum Teil leicht verhindern läßt, wenn erst bekannt ist, was die Ursache einer solchen Erkrankung ist; das heißt, wenn man weiß, was man wirklich ißt.

Im Zusammenhang mit Erkrankungen durch Zusatzstoffe geht die Fachwelt häufig von sogenannten pseudoallergischen Reaktionen (siehe Seite 98) aus, die, im Vergleich zu einer echten Allergie, zwar einen anderen Entstehungsmechanismus besitzen, aber ähnliche Krankheitssymptome aufweisen wie diese. In besonderem Maße sind hierbei Personen betroffen, die an einer Aspirinallergie, an Asthma oder an ekzematischen Hautkrankheiten leiden. Des weiteren wird vermutet, daß bei Kindern ein Zusammenhang zwischen der Ernährung und der Entstehung einer krankhaften Überaktivität besteht. Diese Kinder haben einen extremen Bewegungsdrang, sind stark in ihrer Konzentrationsfähigkeit beeinträchtigt und erkranken oft an Ekzemen und Atemwegserkrankungen bis hin zum Asthma. In diesen Fällen ist eine kritische Beurteilung der Zusatzstoffe sinnvoll, da es oftmals erforderlich ist, die entsprechenden Substanzen weitgehend zu meiden.

Dieses Buch enthält eine praktische und leichtverständliche Übersicht über die wichtigsten Zusatzstoffe in Lebensmitteln sowie über ihre möglichen Nebenwirkungen und erklärt eine Reihe von Fachbegriffen, damit Sie genau wissen, was auf der Packung steht – und das schon beim Einkauf. Das Risiko, durch den Verzehr von Nahrungsmitteln mit Zusatzstoffen ernsthaft zu erkranken, ist generell außerordentlich gering, denn die Belastung des gesunden Körpers mit solchen Substanzen ist bei einer abwechslungsreichen Ernährung in der Regel nicht sehr groß. Aber eine gewisse Gefahr gibt es doch: Ihnen ist vielleicht bekannt, daß vor allem Kinder und ältere Menschen dazu neigen, sich zu einseitig zu ernähren. Kinder haben beispielsweise oft eine Vorliebe für bestimmte Speisen, die sie am liebsten jeden Tag essen möchten. Wie leicht gibt man diesem Wunsch nach und verhindert somit unbewußt, daß sich die Kinder abwechslúngsreich ernähren. Bei älteren (und besonders alleinstehenden) Menschen hat in der Regel eine einseitige Ernährung andere Ursachen: So ist es ihnen, meist aus gesundheitlichen Gründen, nicht mehr möglich, täglich frische Lebensmittel zu kaufen. Außerdem verlieren sie häufig die Freude daran, sich täglich ein Gericht mit frischen Zutaten zuzubereiten. Diese Tatsachen lassen erkennen, daß bei den genannten Personengruppen das Risiko steigt, mit der täglichen Nahrung immer wieder die gleichen Zusatzstoffe aufzunehmen und so den Körper unnötig zu belasten.

Die Belastung des Körpers mit Zusatzstoffen aus Lebensmitteln hängt jedoch nicht nur von der verzehrten Menge ab. Beispielsweise kann der kleine Körper eines Kindes, dessen Organ- und Stoffwechselleistung noch nicht optimal ist, oft weniger belastende Stoffe tolerieren, als der Körper eines Erwachsenen. Viele Allergien, die einen Menschen meist ein ganzes Leben lang begleiten und die oft zu einer erheblichen Beeinträchtigung der Gesundheit und der Lebensqualität führen, entstehen in der Kindheit. Bereits bestehende Allergien wiederum erhöhen das Risiko, auf Zusatzstoffe, insbesondere auf einige Farb- und Konservierungsstoffe, empfindlich zu reagieren, zumal bereits Spuren dieser Substanzen eine allergische oder eine pseudoallergische Reaktion auslösen können. Wir möchten Sie jedoch nicht verunsichern! Die Verwendung von Zusatzsstoffen in Lebensmitteln ist häufig sinnvoll, ja notwendig und unterliegt strengen Kontrollen. Aber erst die Kenntnis dieser Substanzen ermöglicht es Ihnen, verantwortungsbewußt zu entscheiden, was Sie wirklich essen wollen. Die Gesundheit ist eine Herausforderung – ein Leben lang!

Ein Blick aufs Etikett

„Probieren Sie Spliff, das spritzig-fruchtige Erfrischungs-
getränk mit dem Geschmack von sonnengereiften Orangen!"
Was würden Sie sich unter einem Lebensmittel vorstellen, für
das mit diesem Satz geworben wird? Enthält es den Saft von
frischen Orangen, Orangensaftkonzentrat oder nur Aromastoffe? Wir wissen auch nicht, woraus Spliff besteht, denn wir
haben es frei erfunden. Aber oft müssen wir feststellen, daß
die Werbung dem Verbraucher viel zu selten Auskunft über
die Zusammensetzung des Produkts gibt.
Zum Glück sind wir im Lebensmittelgeschäft aber nicht allei-
ne auf diese Slogans angewiesen, denn dank der gesetzlich
vorgeschriebenen Lebensmittelkennzeichnung müssen die
wichtigsten Produktinformationen auf dem Etikett stehen.
Wie die Kennzeichnung zu erfolgen hat, wird im wesentlichen
in drei Verordnungen festgelegt:
– in der Lebensmittel-Kennzeichnungsverordnung,
– in der Zusatzstoff-Zulassungsverordnung und
– in der Fertigpackungs-Verordnung.
Grundlagen dieser Verordnungen sind das Lebensmittel- und
Bedarfsgegenständegesetz (LMBG) und das Eichgesetz.
Besonders bei industriell hergestellten und dann in Dosen,
Kartons oder Flaschen verpackten Lebensmitteln muß der
Hersteller den Verbraucher durch das Etikett informieren.
Insgesamt sind es fünf Angaben, die aufgrund der oben-
genannten Verordnungen auf jeder Verpackung stehen
müssen:
1. Verkehrsbezeichnung
2. Name oder Firma und Anschrift des Herstellers, Ver-
   packers oder Verkäufers
3. Zutatenverzeichnis
4. Mindesthaltbarkeitsdatum
5. Mengenangabe
Diese Angaben stellen eine Grundkennzeichnung dar, die
durch weitere Informationen ergänzt sein kann. Hierbei handelt es sich entweder um gesetzlich vorgeschriebene
Ergänzungen (wie zum Beispiel die Angabe des Fettgehalts
der Milch) oder aber um freiwillige Angaben des Herstellers
(zum Beispiel der Zusatz „ohne Farbstoffe"). Bevor wir
Erläuterungen zu den einzelnen Angaben der Grundkennzeichnung geben, möchten wir noch darauf hinweisen, daß es
einige Lebensmittel gibt, die dieser Kennzeichnungspflicht

noch nicht unterliegen beziehungsweise die davon befreit sind. So brauchen mehr als 18 Monate haltbare Lebensmittel sowie Tiefkühlkost, Speiseeis und Kaugummi erst ab dem 1. 7. 1992 ein Mindesthaltbarkeitsdatum zu tragen. Noch längere Übergangsfristen (bis zum 31. 12. 1996) gelten für alkoholfreie Erfrischungsgetränke, die länger als ein Jahr haltbar sind. Die einheitliche Kennzeichnung aller Lebensmittel ist dann also erst 1997 verwirklicht. Für einige gilt die Kennzeichnungsverordnung nicht, da ihre Kennzeichnung durch produktbezogene Bestimmungen (etwa aufgrund von EG-Richtlinien) geregelt ist. Dazu gehören Kakao und Kakaoerzeugnisse, Zuckersorten, Honig, Erzeugnisse des Weinsektors und Aromen.

Die **Verkehrsbezeichnung** legt den Namen fest, den ein Produkt tragen darf oder tragen muß. Dieser muß verkehrsüblich, das heißt allgemein verständlich sein. Ein Phantasiename oder der Markenname des Herstellers allein reicht also nicht aus, er darf jedoch zusätzlich angegeben werden. Eine „XY-Cola" zum Beispiel muß als koffeinhaltige Limonade gekennzeichnet sein.

Das **Zutatenverzeichnis** gibt an, welche Zutaten bei der Herstellung verwendet wurden. Diese Information ist besonders für diejenigen Verbraucher wichtig, die bestimmte Stoffe, etwa aufgrund von allergischen Reaktionen, nicht vertragen. Das Zutatenverzeichnis beginnt mit dem Wort Zutaten, gefolgt von einer Aufzählung der verwendeten Substanzen gemäß ihrem mengenmäßigen Anteil im Produkt. Das Lebensmittel besteht also hauptsächlich aus den Zutaten, die in der Zutatenliste zuerst genannt werden. Genaue Mengenangaben werden aber gewöhnlich nicht angegeben. Eine Reihe von Zutaten kann zu Klassen zusammengefaßt werden. Oft wird dann auf der Verpackung nur der entsprechende Klassenname vermerkt (zum Beispiel Säuerungsmittel), der relativ aussageschwach sein kann. Im Zutatenverzeichnis müssen auch die Zusatzstoffe genannt werden. Da sie in der Regel in sehr geringen Konzentrationen wirksam sind und daher nur in kleinen Mengen verwendet werden, findet man sie meist erst am Ende des Zutatenverzeichnisses.

Das **Mindesthaltbarkeitsdatum** gibt den Zeitpunkt an, bis zu dem das Lebensmittel bei ungeöffneter Verpackung und angemessener Lagerung seine spezifischen Eigenschaften behält. Solche Eigenschaften können Farbe, Geschmack oder Geruch sein. Das Mindesthaltbarkeitsdatum ist nicht das Datum für den letztmöglichen Verbrauch, denn auch nach seinem Ablauf sind die Lebensmittel in der Regel noch eine

Weile genießbar. Sie dürfen auch noch verkauft werden (manchmal zu herabgesetzten Preisen), jedoch hat der Händler eine erhöhte Sorgfaltspflicht. Nicht mit dem Mindesthaltbarkeitsdatum verwechselt werden darf das Verbrauchsdatum, welches für Hackfleisch und ähnliche Waren aus zerkleinertem, rohem Fleisch angegeben werden muß. Nach Ablauf dieses Datums sollten die entsprechenden Fleischerzeugnisse tatsächlich nicht mehr verzehrt werden. Neben den auf Seite 11 bereits genannten Erzeugnissen, die für eine Übergangsfrist noch kein Mindesthaltbarkeitsdatum tragen müssen, gibt es einige wenige Lebensmittel, für die auch in Zukunft keines vorgeschrieben ist. Dies sind frisches Obst, frisches Gemüse und unverarbeitete Kartoffeln. Des weiteren brauchen Getränke mit mindestens 10 Vol.-% Alkohol sowie Essig, Zucker, Salz und Backwaren, die gewöhnlich innerhalb eines Tages verzehrt werden, kein Mindesthaltbarkeitsdatum zu tragen.

Laut des Eichgesetzes muß die in der Verpackung enthaltene **Menge** als Gewicht, Volumen oder Stückzahl angegeben werden, wobei diese Angabe deutlich lesbar an geeigneter Stelle angebracht sein muß. Bei flüssigen Lebensmitteln sind Milliliter- oder Liter-, bei festen sind Gramm- oder Kilogrammangaben vorgeschrieben. Auf Nahrungsmittelkonzentraten wie Suppen muß angegeben sein, wie ergiebig das Erzeugnis ist (zum Beispiel „ergibt 7 Liter"). Ausgenommen von der Mengenkennzeichnung sind Süßwaren und Knabbererzeugnisse, die weniger als 50 Gramm wiegen.

Zusammenfassend kann man sagen, daß die gesetzlich vorgeschriebene Lebensmittelkennzeichnung dem Verbraucher Informationen liefert, die er beim Einkauf beachten sollte. Zum Beispiel schützen ihn die Mengenangabe und die Zutatenliste vor „Mogelpackungen", und für den Allergiker ist besonders die Angabe der Zusatzstoffe wichtig. Die Verbraucherorganisationen fordern jedoch eine noch aussagekräftigere Kennzeichnung. Wünschenswert wäre zum Beispiel eine genaue Angabe der Nährstoffgehalte (Eiweiß-, Fettund Kohlenhydratgehalt) sowie des Energiegehaltes (in Kilokalorien oder Kilojoule), wie sie einige Hersteller bereits freiwillig liefern. Darüber hinaus könnte auf Zusatzstoffe mit einem besonders hohen Allergiepotential gesondert hingewiesen werden.

Die Zusatzstoffe

Die Kennzeichnung industriell hergestellter Lebensmittel erfordert eine Auflistung der sogenannten Zutaten, das heißt aller wesentlichen Bestandteile der Rezeptur. Der Begriff „Zutaten" ist in der bereits angesprochenen Lebensmittel-Kennzeichnungsverordnung wie folgt definiert: „Zutat ist jeder Stoff, einschließlich der Zusatzstoffe, der bei der Herstellung eines Lebensmittels verwendet wird und unverändert oder verändert im Enderzeugnis vorhanden ist." Hieraus ergibt sich also, daß Zusatzstoffe eine spezielle Untergruppe der Zutaten sind, für die es selbstverständlich auch eine Definition gibt: „Zusatzstoffe sind Stoffe, die dazu bestimmt sind, Lebensmitteln zur Beeinflussung ihrer Beschaffenheit oder zur Erzielung bestimmter Eigenschaften oder Wirkungen zugesetzt zu werden." Diese Erklärung umreißt bereits den allgemeinen Verwendungszweck dieser Substanzen, den man in folgendem Satz etwas detaillierter zusammenfassen kann: Zusatzstoffe verbessern den Geschmack und die Konsistenz von Lebensmitteln, sie emulgieren und konservieren diese, gewährleisten das gewünschte Aussehen, erleichtern die industrielle Herstellung und Bearbeitung und ermöglichen eine lange Lagerung – kurz: Zusatzstoffe sichern die gleichbleibende und reproduzierbare Qualität eines Fertigprodukts. Der Zusatz dieser Substanzen als Hilfsmittel erfolgt somit häufig unter dem Aspekt der Lebensmittelsicherheit, wie etwa bei Konservierungsmitteln zum Schutz vor vorzeitigem Verderb, aus technologischen Gründen (Massenproduktion) oder um das Aussehen der Lebensmittel positiv zu beeinflussen. Das Ziel der Hersteller ist die Qualitätssicherung und -erhaltung und nicht selten die Erfüllung von Verbraucherwünschen bezüglich des Aussehens oder Geschmacks eines Lebensmittels. Farbstoffe finden sich beispielsweise oft in Süßigkeiten und Desserts, Verdickungsmittel in Götterspeisen und Puddings und Konservierungsmittel in Salatsaucen. Grundnahrungsmittel, wie Milch, Frischfleisch und Gemüse, dürfen keine Zusatzstoffe enthalten. Von den Zusatzstoffen abgegrenzt werden diejenigen „Stoffe, die natürlicher Herkunft oder den natürlichen chemisch gleich sind und die nach allgemeiner Verkehrsauffassung überwiegend wegen ihres Nähr-, Geruchs- oder Geschmackswertes oder als Genußmittel verwendet werden". Hierbei handelt es sich um Stoffe, die als

Lebensmittel gelten, wie beispielsweise Eigelb, und die zum Färben von Lebensmitteln genommen werden.

Der größte Teil der zugelassenen Zusatzstoffe wird aufgrund ähnlicher Anwendungsmöglichkeiten in Lebensmitteln in Klassen eingeteilt, deren Namen einen Hinweis auf den Verwendungszweck geben. Die Klassennamen sind in der folgenden Liste aufgeführt:

- Farbstoff*
- Konservierungsstoff*
- Antioxidationsmittel*
- Emulgator
- Verdickungsmittel
- Geliermittel
- Stabilisator
- Geschmacksverstärker
- Säuerungsmittel
- Säureregulator
- Trennmittel*
- modifizierte Stärke
- künstlicher Süßstoff*
- Backtriebmittel
- Schaumverhüter
- Überzugsmittel*
- Schmelzsalz
- Mehlbehandlungsmittel*.

Läßt sich ein Zusatzstoff einer dieser Klassen zuordnen, wird in der Zutatenliste auf der Verpackung der Klassenname angegeben. So genügt beispielsweise der Hinweis auf einen Emulgator oder auf ein Verdickungsmittel. Zusätzlich muß bei den mit einem Stern gekennzeichneten Klassen sowie bei den Phosphaten die wissenschaftliche Bezeichnung oder die E-Nummer aufgeführt werden. In Fällen, in denen ein Klassenname den Verwendungszweck eines Stoffes nicht ausreichend charakterisieren kann, muß der Zusatzstoff mit seiner Verkehrsbezeichnung angegeben werden. Als Beispiele hierfür seien Rauch (siehe Seite 30) oder Nitritpökelsalz (siehe Seite 21) genannt, die sich nicht eindeutig einer Klasse zuordnen lassen.

Substanzen, die in die Kategorie der Zusatzstoffe fallen, benötigen stets eine Zulassung, die nur in wenigen Fällen für alle Lebensmittel ausgesprochen wird. Der Verwendungszweck eines Zusatzstoffes und die erlaubten Höchstmengen müssen aber genau festgelegt werden. Jede Abweichung von diesen Auflagen ist unzulässig. Die unabdingbaren Kriterien für die Zulassung sind einerseits, daß die Verwendung eines Stoffes technologisch erforderlich ist, und andererseits, daß sich die Substanz in den verwendeten Mengen als gesundheitlich unbedenklich erwiesen hat. Der Gesetzgeber bedient sich hierbei sogenannter Positivlisten, das heißt, daß nur diejenigen Zusatzstoffe, die in einem entsprechenden Verzeichnis aufgeführt sind, eine Zulassung besitzen. Folglich sind alle anderen Substanzen verboten. Wie bereits in der Einleitung angesprochen, unterliegen die offiziell zugelassenen Zusatzstoffe strengen medizinisch-toxikologischen und chemischen Kontrollen. Das oberste Gebot ist hierbei, die Qualität und Unbedenklichkeit der Stoffe durch geeignete Verfahren zu belegen. Die Entwicklung ist auf diesem Sektor einem steten Wandel unterworfen, so daß die Untersuchungen, nicht zuletzt durch internationale Zusammenarbeit, fortwährend dem aktuellen Stand der Wissenschaft angepaßt werden. Die Prüfung der Zusatzstoffe muß in der Regel mit Hilfe von Tier- oder Modellversuchen durchgeführt werden, die jedoch nicht immer absolut ausgereift und oftmals auch schwer auf den Menschen zu übertragen sind. Somit kann ein gewisses „Restrisiko" auch bei gewissenhafter und verantwortungsbewußter Arbeit nicht vermieden werden. Des weiteren unterliegen viele Zusatzstoffe natürlich auch chemischen Veränderungen, sei es während der Lagerung, durch Reaktionen mit anderen Nahrungsbestandteilen oder auch bei der Zubereitung der Lebensmittel. Neue Substanzen können entstehen, die Wirkung der Zusatzstoffe verändert sich.

Wie bereits weiter vorne erwähnt, ist die Zulassung eines Zusatzstoffes an die Erfüllung einer Reihe von Kriterien gebunden und mit bestimmten Auflagen verknüpft. Eine allgemeine Zulassung liegt nur für Substanzen vor, bei denen sich bisher keinerlei Hinweise auf gesundheitsschädigende Wirkungen gezeigt haben. Hierbei handelt es sich vor allem um natürliche Substanzen wie Vitamine oder deren Vorstufen. Die Weltgesundheitsorganisation (WHO) hat einer Reihe von Zusatzstoffen aufgrund toxikologischer Untersuchungen einen sogenannten **ADI-Wert** zugeteilt. ADI steht als Abkürzung für „acceptable daily intake". Dieser Wert repräsentiert die tolerierbare Tagesdosis einer Substanz und gibt die maximale Menge in Milligramm je Kilogramm Körpergewicht an, die lebenslang täglich aufgenommen werden darf, ohne daß es zu gesundheitlichen Störungen kommt. Diese Kenngröße wurde, unter Bezug auf Fütterungsversuche bei Tieren, vom amerikanischen „Scientific Committee for Food" (SCF) folgendermaßen definiert: Die Menge einer Substanz, die bei Versuchstieren auch bei täglicher und lebenslanger Aufnahme keine gesundheitlichen

Schäden verursacht, wird als „no effect level" bezeichnet. Umgerechnet in Milligramm pro Kilogramm Körpergewicht und durch den Sicherheitsfaktor 100 dividiert, ergibt sich der ADI-Wert, der in der Zulassungsverordnung jedoch nicht angegeben ist. Bei einer Reihe von jahrelang benutzten Substanzen wurde bisher jedoch auf die Ermittlung eines ADI-Wertes verzichtet.

Weltweit sind mehr als 5000 Zusatzstoffe zugelassen, so daß eine systematische Numerierung und die Verwendung chemischer Fachbegriffe im Sinne einer internationalen Vereinheitlichung erforderlich ist. Substanzen, die im Raum der gesamten EG (Europäischen Gemeinschaft) als gesundheitlich unbedenklich und technisch notwendig bewertet und daher zur nationalen Zulassung empfohlen werden, erhalten eine EWG-Nummer, kurz E-Nummer genannt. Bei Zusatzstoffen, deren Bezeichnung bereits europaweit geregelt ist, ist dies eine drei- oder vierstellige Zahl mit einem vorangestellten großen E (zum Beispiel E 200 für Sorbinsäure). Sogenannte „vorläufige E-Nummern", die kein E vor der Zahl besitzen (zum Beispiel 620 für Glutaminsäure), teilte man solchen Zusatzstoffen zu, für die künftig einheitliche Regeln aufgestellt werden sollen. Die Angleichung der unterschiedlichen Normen dient der problemlosen Überführung eines Produktes in ein anderes Land und vereinfacht die Zulassung in den EG-Staaten. Liegt nur eine nationale Zulassung eines Zusatzstoffes in einzelnen Ländern der EG vor, wird keine E-Nummer vergeben. Aufgrund immer neuer wissenschaftlicher Erkenntnisse wird das Verzeichnis der E-Nummern ständig aktualisiert. Nicht zuletzt besitzt das Nummernsystem auch einen praktischen Nutzen, indem es Ihnen ermöglicht, sich im „Dschungel der Zusatzstoffe" etwas besser zurechtzufinden.

Die Zusatzstoffklassen – was verbirgt sich dahinter?

Farbstoffe

Lebensmittel werden in der Regel aus „kosmetischen" Gründen gefärbt, mit dem Ziel, ihnen ein natürlicheres, gesünderes, appetitlicheres oder frischeres Aussehen zu verleihen. Die Bedeutung der Farbstoffe ist außergewöhnlich groß, da durch ihren Einsatz eine direkte Ansprache der Gefühlswelt des Käufers möglich ist. Die Hersteller können so theoretische Verkaufspsychologie in die Praxis umsetzen, denn der geschickte Einsatz von Farbstoffen ermöglicht es, in ein Produkt eine Fülle von Eigenschaften „hineinzuzaubern" und somit seine Attraktivität zu erhöhen. Denken Sie nur an Assoziationen wie „grün = frisch" oder „gelb = Zitrone".

Darüber hinaus wird die Färbung von Lebensmitteln aber auch oft durchgeführt, um die im Rahmen der Herstellung verlorengegangene Eigenfarbe zu ersetzen. Die Zusatzstoff-Zulassungsverordnung untersagt ausdrücklich die Verwendung von Farbstoffen mit dem Ziel einer Täuschung des Verbrauchers. Eine grundlegende Prämisse lautet, Farbstoffe „höchstens in einer Menge einzusetzen, die ausreicht, um den Farbton der Lebensmittel dem natürlichen Farbton zu nähern". So ist die Färbung eines Produktes untersagt, wenn dadurch fälschlicherweise der Eindruck einer besseren Qualität erzielt werden kann. Beispielsweise dürfen Eiernudeln nicht gefärbt werden, um einen höheren Eigehalt vorzutäuschen. Grundnahrungsmittel, wie Frischfleisch, Fisch, Obst und Gemüse, sind ausdrücklich von einem Farbstoffzusatz ausgeschlossen.

Die Zusatzstoff-Zulassungsverordnung enthält in ihrer Anlage eine komplette Aufstellung aller zugelassenen Farbstoffe. Substanzen, die hier nicht ausdrücklich aufgeführt sind, besitzen keine Zulassung, und ihre Verwendung ist daher untersagt. In dieser Liste ist für jede Substanz der Anwendungsbereich genau festgelegt. Nur die Farbstoffe Riboflavin (E 101) und beta-Carotin (E 160 a) sind für alle Lebensmittel zugelassen. In einer weiteren Liste der Zusatzstoff-Zulassungsverordnung sind im Detail die Lebensmittel aufgeführt, denen Farbstoffe zugesetzt werden dürfen. Eine weitere Einschränkung der Verwendungsmöglichkeit eines Farbstoffes kann nach der Art der Färbung erfolgen. So wird danach unterschieden, ob ein Lebensmittel insgesamt (die gesamte Masse) oder nur auf der Oberfläche (zum Beispiel Käseüberzüge oder Eierschalen) gefärbt werden darf. Farbstoffe, die in allen EG-Ländern zugelassen sind, besitzen die E-Nummern 100 bis 180. In unmittelbarer Nähe der Produktbezeichnung (siehe Seite 11) wird der Hinweis „gefärbt" oder „mit Farbstoff" aufgedruckt. Die Kennzeichnung in der Zutatenliste erfolgt durch die Verkehrsbezeichnung, also meist durch die chemische Bezeichnung der Substanz oder durch die Angabe der E-Nummer. Farbstoffe mit einer Zulassung für alle Lebensmittel, also beta-Carotin und Riboflavin, müssen prinzipiell nicht auf der Packung angegeben werden, es sei denn, ihr Zusatz könnte fälschlicherweise eine bessere Lebensmittelqualität vortäuschen. Dann ist auch bei diesen der Hinweis „gefärbt" erforderlich.

Bei uns sind zur Zeit etwa 30 Farbstoffe zugelassen, die teils natürlicher, teils chemischer Herkunft sind (synthetisch hergestellt). In der Gruppe der synthetischen Farbstoffe spielen die sogenannten Azofarbstoffe, deren Name auf eine gemeinsame chemische Grundstruktur zurückzuführen ist, eine wichtige Rolle. Historisch betrachtet fanden sie zuerst als Textilfarbstoffe Verwendung, bald danach aber auch als Farbstoffe für Lebensmittel. Azofarbstoffe sind umstritten, da sie, wie beispielsweise das Tartrazin, relativ oft Allergien oder allergieähnliche Erkrankungen hervorrufen können, von denen insbesondere Asthmatiker, Aspirin- oder Salicylsäureallergiker oder Personen, die unter Ekzemen leiden, betroffen sind. Ausgenommen von den Zulassungsbestimmungen sind bestimmte färbende Frucht oder Pflanzenauszüge, wie Karotten- oder der Rote-Bete-Saft, die als färbende Lebensmittel gelten. Das Färben von Speisen gelingt aber auch sehr leicht durch färbende Gewürze, wofür Safran ein bekanntes Beispiel ist.

Konservierungsstoffe

Bereits im Altertum gelang es dem Menschen, einige Lebensmittel durch den Zusatz von Kochsalz, Essig oder Honig für einen längeren Zeitraum haltbar zu machen. Diese Konservierungsstoffe zählen nach unserem Verständnis jedoch nicht zu den Zusatzstoffen, sondern gelten aufgrund ihres überwiegenden Lebensmittelcharakters als eigenständige Zutaten. Die heute verwendeten Konservierungsstoffe gehören zu einer Fülle von chemischen Verbindungen, die zum Teil auch natürlichen Ursprunges sind. Mit Hilfe von Konservierungsstoffen wird der Verderb von Lebensmitteln durch Bakterien und Pilze drastisch gemindert, indem diese durch direkten Eingriff in ihren Stoffwechsel abgetötet oder in ihrem Wachstum gehindert werden. So ist es nicht verwunderlich, daß einige Konservierungsmittel auch als Arzneimittel verwendet werden.

Die Konservierung von Lebensmitteln ist prinzipiell durchaus sinnvoll, da verdorbene Speisen zu ernsthaften Erkrankungen, ja bis zum Tode führen können. Besonders gefürchtet sind die Botulismusbakterien, welche ein außerordentlich wirksames Gift produzieren, die Salmonellen und der Schimmelpilz Aspergillus flavus, der sehr toxische und stark krebserregende Stoffwechselprodukte (sogenannte Aflatoxine) bildet. In der Praxis bedient man sich häufig einer Kombination verschiedener Konservierungsstoffe, um einen möglichst breiten Schutz gegen diverse Mikroorganismen zu erzielen. In diesem Fall reduziert sich die höchstzulässige Menge der jeweiligen Substanzen entsprechend, um die Gesundheit des Konsumenten nicht übermäßig zu belasten. Nur ergänzend sei bemerkt, daß durch die Konservierung natürlich auch der Geschmack und das Aussehen der Nahrungsmittel über einen längeren Zeitraum stabilisiert werden können.

Einige Konservierungsstoffe dienen ausschließlich zur Behandlung der Oberfläche von Lebensmitteln, wie beispielsweise der Schale von Zitrusfrüchten, und werden nicht mitverzehrt. Die Mehrzahl der Zusatzstoffe wird jedoch dem Nahrungsmittel direkt zugesetzt. Wie Zusatzstoffe im allgemeinen, so unterliegen auch Konservierungsstoffe einer strengen Kontrolle. Gesetzlich ist ihr Einsatz in den Lebensmittelgesetzen beziehungsweise in den Konservierungsmittelverordnungen der Länder geregelt. Ergeben sich ernsthafte gesundheitliche Bedenken, so erfolgt eine Aufhebung der Zulassung. So wurde erst vor kurzem aufgrund alarmierender Ergebnisse im Tierversuch der Einsatz der Propionsäure untersagt, die lange Zeit als Konservierungsstoff für Schnittbrot verwendet wurde. Die ebenfalls sehr häufig verwendete Sorbinsäure oder ihre Salze, die Sorbate, hingegen gelten als besonders gut verträglich, da sie im Organismus wie natürliche Fettsäuren abgebaut werden können.

Konservierungsstoffe unterscheiden sich oft deutlich in ihrer Wirkungsweise. So sind nur die Benzoesäure, die PHB-Ester sowie Nitrite und Sulfite gut wirksam gegen Bakterien; die anderen üblichen Konservierungsstoffe werden vor allem gegen Schimmelpilze und Hefen eingesetzt. Benzoesäure und Benzoate können zwar bei empfindlichen Menschen allergische Reaktionen hervorrufen, das breite Wirkungsspektrum rechtfertigt jedoch häufig ihren Einsatz.

Konservierungsstoffe müssen auf der Lebensmittelverpackung deklariert werden, wobei neben dem Klassennamen auch die Verkehrsbezeichnung (der wissenschaftliche Name oder die E-Nummer) angegeben werden muß. Bei unverpackten Lebensmitteln muß die Verwendung entsprechender Stoffe auf einem gut lesbaren Schild durch den Hinweis „mit Konservierungsstoff" oder „konserviert mit …" angegeben werden. Der bei oberflächenbehandelten Früchten (zum Beispiel Zitronen) früher übliche und sinnvolle Hinweis „Schale nicht zum Verzehr geeignet" ist gesetzlich nicht mehr vorgeschrieben, sollte aber weiterhin angebracht werden.

Einige besonders häufig als Konservierungsmittel verwendete Substanzen gehören zwar zu den Zusatzstoffen, haben aber außer den konservierenden Eigenschaften noch weitere Funktionen und werden daher separat aufgeführt. Hierzu gehören Nitrat und Nitritpökelsalz (siehe Seite 21), die schweflige Säure und die Sulfite sowie das Schwefeldioxid (siehe diese Seite unten).

Geschwefelte Nahrungsmittel

Das Schwefeln ist ein altbekanntes, aber umstrittenes Verfahren, um Nahrungsmittel vor vorzeitigem Verderb zu schützen. Die zum Schwefeln verwendeten Substanzen setzen die sogenannte schweflige Säure frei, die stark giftig ist und neben den konservierenden Eigenschaften auch einen ausgeprägt antioxidativen Effekt (siehe Seite 22) besitzt. Dieser Effekt bewirkt zum Beispiel, daß sich entsprechend behandelte Früchte während der Lagerung kaum verfärben. Die Wirkung der schwefligen Säure beruht vor allem auf ihrer Fähigkeit, Sauerstoff zu binden, wodurch die Entwicklung von Mikroorganismen gehemmt wird. In höheren Konzentrationen weist die Verbindung eine stark schleimhautreizende Wirkung auf und kann zu Reizungen des Magen-Darm-Traktes, Übelkeit, asthmatischen Beschwerden oder Kopfschmerzen führen. Inbesondere letztere sind nach Genuß von stark geschwefeltem Wein ein oft vorkommendes Phänomen. Des weiteren zerstören Sulfite (Salze der schwefligen Säure) und Schwefeldioxid (Bestandteil der schwefligen Säure) eine Reihe von Vitaminen wie B_1 oder E und beeinträchtigen somit die Lebensmittelqualität. Alle Produkte, die mehr als 50 Milligramm Schwefeldioxid pro Kilogramm oder Liter enthalten, müssen durch den Zusatz „geschwefelt" und mit der Nennung des Stoffes in der Zutatenliste (chemischer Name der Verbindung oder die

E-Nummer) gekennzeichnet werden. Für Wein gibt es jedoch keine Deklarationspflicht für chemische Zusätze, obwohl gerade diese so manchen „Kater" mitverursachen.

Nitrate und Nitrite

Seit Generationen werden Fleisch und in geringerem Maße auch Fisch durch Pökeln haltbar gemacht, also konserviert. Verwendung als Pökelsalze finden dabei stickstoffhaltige Verbindungen, wie Salpeter, also Nitrate und Nitrit. Das Pökeln ist noch immer die wirksamste Methode zum Abtöten der lebensbedrohlichen Botulismusbakterien, die das stärkste bekannte Gift in der Natur produzieren und schwere Nahrungsmittelvergiftungen verursachen können. Aus diesem Grund wird auch heute noch der überwiegende Teil unserer Wurstwaren gepökelt. Zusätzlich helfen die Pökelsalze, die rote Farbe des Fleisches über einen längeren Lagerzeitraum zu erhalten; ein Nebeneffekt, den andere Konservierungsmittel nicht aufweisen. Pökelsalze setzt man daher gezielt zum sogenannten „Umröten" von Fleisch wie Schinken und Kasseler ein. In diesem Buch werden daher Nitrate und Nitrite auch in der Zusatzstoffklasse „Farbstoffe" erwähnt.

Die vorangegangenen Erläuterungen lassen erkennen, daß Pökelsalze durchaus ihre Berechtigung haben. Leider weisen sie aber auch gewisse gesundheitliche Risiken auf. Nitrit ist giftig; jedoch auch das Nitrat kann im Organismus durch Bakterien des Verdauungstraktes in Nitrit umgewandelt werden. Da im Körper aus Nitrit in Verbindung mit Aminen (bestimmte Eiweißabbauprodukte) krebserregende Nitrosamine entstehen können, ist auch der Einsatz von Nitrat umstritten. Vorerst gibt es jedoch keine überzeugenden Alternativen zu Nitrat und Nitrit. Die Bildung der gesundheitsgefährdenden Nitrosamine in gepökeltem Fleisch kann aber nicht nur im Körper, sondern auch unter starker Hitzeeinwirkung beim Grillen oder Braten erfolgen. Aus diesem Grund dürfen Grill- oder Bratwürste kein Nitritpökelsalz mehr enthalten. Nitrit ist in Babynahrung nicht erlaubt, da es vor allem bei kleinen Kindern die Transportfähigkeit des Blutes für Sauerstoff reduziert. Dieser Effekt beruht auf einer chemischen Reaktion des Nitrits mit dem roten Blutfarbstoff Hämoglobin zu Methämoglobin, welches den Sauerstoff nicht mehr binden kann. In der Zutatenliste müssen Nitrate und Nitrite mit ihrem chemischen Namen oder mit ihrer E-Nummer ausgewiesen werden.

Antioxidationsmittel

Sie haben die Aufgabe, die Zersetzung von Lebensmitteln (vor allem von Fetten und Ölen) in Anwesenheit von Sauerstoff, also besonders an der Luft, zu verhindern. Das Ranzigwerden ist eine bekannte und leicht festzustellende Folge dieses chemischen Vorganges. Antioxidationsmittel reagieren sehr schnell mit Sauerstoff und fangen diesen dann somit ab, bevor er die Nahrungsmittel schädigen (oxidieren) kann. Der Einsatz von Antioxidationsmitteln ist vielfach zu begrüßen, da Oxidationsprozesse in hoher Geschwindigkeit in Form von Kettenreaktionen ablaufen und dabei häufig gesundheitsschädigende Produkte entstehen. Bei vielen Lebensmitteln wird deren Qualität durch Oxidationsprozesse gemindert: Es kommt zur Beeinträchtigung des Geschmacks, zu Verfärbungen und zu Vitaminabbau. In der Industrie ist man daher bestrebt, den Sauerstoff der Luft bereits während der Produktion, zum Beispiel durch Vakuumverfahren, von den Lebensmitteln fernzuhalten.

Die Vitamine C und E sind natürliche Antioxidantien, deren Wirkung aber bei der technischen Aufbereitung, beispielsweise von Keimölen oder Fruchtzubereitungen, teilweise verlorengeht. Diese Vitamine gelten als unbedenklich. Sie sind für alle Lebensmittel zugelassen und brauchen auf der Zutatenliste nicht angegeben zu werden. Auch andere natürliche Verbindungen, wie Milchsäure und Lecithin, besitzen antioxidative Eigenschaften, sie zählen aber nicht zu den Antioxidantien im engeren Sinne. Synthetische Antioxidationsmittel hingegen sind deklarationspflichtig und dürfen nur für bestimmte Lebensmittel in festgelegten Höchstmengen verwendet werden. Hierbei handelt es sich um sogenannte Gallate (E 310 bis E 312), Butylhydroxianisol (E 320) sowie um das gleichermaßen kompliziert klingende Butylhydroxitoluol (E 321). Synthetische Antioxidantien werden oftmals nicht so komplikationslos vertragen wie die natürlich vorkommenden Vitamine. So wird immer wieder über allergische Reaktionen berichtet.

Antioxidantien werden, ähnlich wie viele Konservierungsstoffe, oft kombiniert verwendet, wodurch beispielsweise eine gleichmäßige Wirkung sowohl in wäßrigen als auch in öligen Bereichen der Lebensmittel erzielt wird. Die Kennzeichnung in der Zutatenliste erfolgt unter Angabe des Klassennamens „Antioxidationsmittel" sowie mit der E-Nummer oder dem chemischen Namen der Verbindung. Abschließend ein kurzer Hinweis für Sie: In vielen Fällen könnte sicherlich auf den Zusatz von Antioxidationsmitteln verzichtet werden, wenn empfindliche Lebensmittel kühl, dunkel und in möglichst aromadichten Verpackungen gelagert würden.

Säuren und Säureregulatoren

Säuren (auch Säuerungsmittel genannt) sind Stoffe, die Lebensmitteln zugesetzt werden, um sie anzusäuern, während **Säureregulatoren** den Säuregrad (pH-Wert) einer Speise konstant halten sollen. Säuren und ihre Salze (die Säureregulatoren) besitzen eine große Bedeutung als Zusatzstoffe in Lebensmitteln, denn sie konservieren diese und verbessern den Geschmack. Die konservierende Wirkung von Säuren beruht auf ihrer Eigenschaft, durch eine Veränderung des pH-Wertes das Wachstum von Pilzen und Bakterien zu hemmen. Diese Art der Lebensmittelkonservierung (in Essig einlegen) wurde schon im Altertum angewendet und ist noch immer eine der gesundheitlich unbedenklichsten Formen der Konservierung. Als Beispiel sei die Säuerung von Fischkonserven (Rollmöpse) genannt. Die Fruchtsäuren, wie Äpfel- oder Citronensäure, aber auch Milch- und Weinsäure verleihen Nahrungsmitteln einen angenehm sauren Geschmack, darüber hinaus verbessern und verlängern sie jedoch auch die Haltbarkeit und die Farbstabilität der Lebensmittel. Diese Substanzen werden vor allem in Süßwaren und Erfrischungsgetränken verwendet. Darüber hinaus haben Säuerungsmittel auch einen Einfluß auf andere Zusatzstoffe. Sie verbessern zum Beispiel die Wirkung von Antioxidantien und Konservierungsmitteln oder ermöglichen gar erst deren Wirkung. Auch binden die Salze einiger Genußsäuren sehr gut Wasser, was zum Beispiel bei der Herstellung von Schmelzkäse und Brühwurst erforderlich ist. In der Zutatenliste auf der Verpackung muß nur der Klassenname „Säuerungsmittel" beziehungsweise „Säureregulatoren" aufgeführt werden. Die Phosphorsäure und ihre Salze müssen in der Zutatenliste jedoch einzeln angegeben sein.

Dickungs- und Geliermittel

Sie besitzen die Fähigkeit, Wasser zu binden, und können somit die Konsistenz eines Produkts verfestigen. Deshalb werden sie zumeist in Lebensmitteln verwendet, die eine festere Struktur bekommen sollen, wie zum Beispiel Cremes,

Desserts, Füllungen, gebundenen Suppen und Saucen. Des weiteren findet man sie aber auch in Eiscreme, diversen anderen Milcherzeugnissen sowie in Wurst- und Konditoreiwaren. Gelier- und Dickungsmittel sind in der Regel Stoffe natürlichen Ursprungs und daher meist unbedenklich. Zu den Dickungsmitteln wird auch die modifizierte Stärke gerechnet. Es handelt sich dabei um Stärke, die durch eine geringfügige chemische Veränderung (Modifikation) in ihren Eigenschaften dem Verwendungszweck angepaßt wurde. Sie gilt dann als Zusatzstoff und erscheint in der Zutatenliste unter der Bezeichnung „modifizierte Stärke". Die übrigen Dickungsmittel werden nur mit ihrem Klassennamen angegeben. Gelatine gilt nach dem Gesetz nicht als Zusatzstoff, sondern als Zutat und wird in der Zutatenliste als „Gelatine" oder „Speisegelatine" angeben.

Stabilisatoren und Emulgatoren

Stabilisatoren verhindern, daß sich Substanzen entmischen oder daß sich Teile davon absetzen. Hinter der Kennzeichnung „Stabilisatoren" können sich sowohl Emulgatoren, Dickungsmittel und Geliermittel als auch Phosphate verbergen. Sie tauchen in der Zutatenliste nur unter ihrem Klassennamen „Stabilisator" auf. Nur Phospate (siehe Seite 32) müssen detailliert aufgeführt werden.

Emulgatoren sind Stoffe, die sich aufgrund ihrer chemischen Struktur sowohl in wäßrigen als auch in nichtwäßrigen (fettigen/öligen) Flüssigkeiten lösen. Sie ermöglichen es, normalerweise nicht mischbare Flüssigkeiten in eine einheitliche Form (Emulsion) zu überführen und diese zu stabilisieren. Dies geschieht, indem die Emulgatoren in fein verteilter Weise gleichzeitig Wasser und Öl (oder Fett) binden. Beispiele für solche Emulsionen sind Margarine und Mayonnaise. Darüber hinaus verbessern Emulgatoren auch die Fähigkeit einer Lebensmittelrohmasse, sich aufschäumen zu lassen, so daß diese cremiger oder sahniger aussieht. Lecithine und die Glyceride von Speisefettsäuren sind natürliche Emulgatoren, die sich zum Beispiel in der Milch und im Eigelb befinden. Als Zusatzstoff für Lebensmittel werden Emulgatoren entweder aus Ölsamen gewonnen oder synthetisch hergestellt. Neben der bereits erwähnten Verwendung in Margarine und Mayonnaise finden sie auch in Backwaren, Wurstwaren und bei der Schokoladenproduktion Anwendung. Für alle zugelassenen Emulgatoren genügt in der Zutatenliste die Angabe des Klassennamens „Emulgator".

Trennmittel, Mittel zur Erhaltung der Rieselfähigkeit und Überzugsmittel

Alles, was einem Lebensmittel hinzugefügt wird, um dessen Verkleben oder Verklumpen zu verhindern, fällt unter den Klassennamen **Trennmittel**. Viele dieser Stoffe könnte man auch als Fabrikationshilfsmittel bezeichnen, da sie produktionsbedingt hinzugefügt werden müssen. Trennmittel erleichtern zum Beispiel das Ablösen von Süßwaren aus ihren Formen, verhindern das Anbacken von Brot am Blech und erschweren das Aneinanderkleben von unverpackten Bonbons. Ein bekanntes Trennmittel bei Fruchtgummierzeugnissen ist zum Beispiel Bienenwachs. In der Zutatenliste ist sowohl der Klassenname als auch die chemische Bezeichnung oder die E-Nummer aufzuführen. Trennmittel, die das Verklumpen von Salz verhindern, werden auch **„Mittel zur Erhaltung der Rieselfähigkeit"** genannt

Überzugsmittel sind Substanzen, die einzelne Lebensmittel vor Verderb, Austrocknung und Aromaverlust schützen sollen. Sie werden auf deren Oberfläche aufgetragen und bilden dort einen festen Film. Bei den verwendeten Stoffen handelt es sich meist um Harze, Wachse oder Kunststoffe. Nur eine eng begrenzte Gruppe von Lebensmitteln darf mit Überzügen versehen werden. Dazu gehören Zitrusfrüchte sowie bestimmte Käse-, Wurst- und Zuckerwaren. Überzugsmittel müssen in der Zutatenliste mit dem Klassennamen, gefolgt von der chemischen Bezeichnung oder der E-Nummer, genannt werden. Bei Käsestücken muß der Hinweis „Kunststoffüberzug nicht zum Verzehr geeignet", bei Zitrusfrüchten muß der Hinweis „gewachst" auf dem Etikett stehen.

Geschmacksverstärker

Diese Stoffe haben fast keinen Eigengeschmack, betonen oder verstärken aber das charakteristische Aroma von Lebensmitteln. Dies geschieht unter anderem durch die Sensibilisierung bestimmter Geschmacksrezeptoren im Mund. Geschmacksverstärker werden vor allem in solchen Produkten verwendet, denen Wasser entzogen wurde, die tiefgefroren oder die durch Hitze konserviert wurden. Dies ist im Prinzip bei allen Fertiggerichten der Fall. Da die erwähnten Konservierungsverfahren eine starke Einbuße des Eigengeschmacks der Lebensmittel bedeuten, „helfen" die Geschmacksverstärker bei der Wiederherstellung. Oft werden sie aber auch nur als Appetitmacher eingesetzt, die den Genuß an dem jeweiligen Produkt erhöhen sollen (zum Beispiel bei Kartoffelchips).

Die bekanntesten Vertreter dieser Stoffgruppe sind die Glutaminsäure und ihre Salze. Glutaminsäure ist eine natürliche Aminosäure, die in der japanischen Küche schon seit Jahrhunderten zum Würzen eingesetzt wird. Da Geschmacksverstärker für alle Lebensmittel zugelassen sind, nimmt ihr Einsatz ständig zu. Neben ihrer Verwendung in Saucen, Würzmitteln, Fertiggerichten und Fleischerzeugnissen findet man sie auch immer häufiger in Knabbererzeugnissen, Wurstwaren, Gemüsekonserven und Getränken. In der Zutatenliste tauchen sie nur unter ihrem Klassennamen „Geschmacksverstärker" auf.

Mehlbehandlungsmittel

Sie bewirken eine Verbesserung der Backeigenschaften, besonders von Weizenmehl. Im wesentlichen handelt es sich um das Vitamin C sowie um das Cystin und die Aminosäure Cystein. In der Zutatenliste steht die Klassenbezeichnung „Mehlbehandlungsmittel", gefolgt vom chemischen Namen oder von der E-Nummer.

Wasserbehandlungsmittel

Sie dienen zur Desinfektion des Wassers. Zugelassen sind das Chlor und sein chemischer Abkömmling, das Chlordioxid. Es sind starke Zellgifte, die sowohl auf Pilze als auch auf Bakterien eine abtötende Wirkung haben. Da die Substanzen leicht flüchtig sind, ist eine Gefährdung des Verbrauchers ausgeschlossen.

Zuckeraustauschstoffe, Feuchthaltemittel und Süßstoffe

Zuckeraustauschstoffe, wie Mannit, Sorbit und Xylit, aber auch die Fructose (Fruchtzucker) spielen in der Ernährung des Diabetikers eine große Rolle, da sie insulinunabhängig verstoffwechselt werden können. Im Gegensatz zu den Süßstoffen liefern sie Kalorien, wobei ihr Kaloriengehalt bei vergleichbarer Süßkraft in etwa dem des Zuckers entspricht. Die technische Gewinnung der Zuckeraustauschstoffe erfolgt in der Regel durch die chemische Umsetzung von natürlich vorkommenden Einfachzuckern. Moderne, industriell hergestellte Produkte enthalten häufig Zuckeraustauschstoffe, obwohl sie nicht ausdrücklich für Diabetiker bestimmt sind. Oftmals wurden diese Substanzen aus technologischen Gründen als Füllmittel oder Konsistenzregulator hinzugefügt. Nicht selten werden die Zuckeraustauschstoffe aber nur verwendet, um den Hinweis „zuckerfrei" als Verkaufsargument heranziehen zu können. Wassereis zum Beispiel wird bei der Verwendung von Zuckeraustauschstoffen weniger klebrig, und Bonbons bleiben weicher und schmecken erfrischend kühl.

In größeren Mengen verzehrt, können Sorbit, Xylit und in besonderem Maße auch Mannit abführend wirken. Daher sollte ihr Verbrauch besonders bei Kindern eingeschränkt werden.

Diese Zuckeraustauschstoffe ziehen in bestimmten Darmabschnitten Wasser an, wodurch der Stuhl verdünnt wird. Mannit wird aus diesem Grund sogar medizinisch als Abführmittel genutzt. Auch neuere Produkte wie Isomalt und Lactit zeigen in höheren Dosen diese Nebenwirkung. Daher ist bei Süßwaren, die mehr als 10 % Zuckeraustauschstoffe besitzen, der Hinweis „kann bei übermäßigem Verzehr abführend wirken" gesetzlich vorgeschrieben.

Eine ganze Reihe von Nahrungsmitteln, wie Gebäck, Knabbersnacks und Süßwaren, neigt dazu, an der Luft relativ schnell auszutrocknen. Dadurch kommt es zu einer Qualitätsminderung: Die betroffenen Produkte werden hart, oftmals unansehnlich und der Geschmack kann sich verschlechtern. Die sogenannten **Feuchthaltemittel** verhindern diese Prozesse zumindest in einem gewissen Maße beziehungsweise verzögern sie, denn sie besitzen die Fähigkeit, die Feuchtigkeit des Produktes selbst zu binden und zusätzlich einen gewissen Feuchtigkeitsanteil aus der Luft anzuziehen. Verwendung finden beispielsweise die sogenannten Zuckeralkohole, wie Glycerin, Sorbit und Mannit (wobei die beiden letztgenannten auch als Zuckeraustauschstoffe fungieren können). Aber auch Stärke sowie einige Salze der Milchsäure besitzen eine ähnliche Wirkung.

Die heute zugelassenen **Süßstoffe** sind synthetisch hergestellte Substanzen, die fast alle kalorienfrei sind, unverändert ausgeschieden werden und eine enorme Süßkraft besitzen. Süßstoffe spielen besonders in kalorienarmen Erzeugnissen und in Lebensmitteln für Diabetiker eine wichtige Rolle. Der

Ersatz von Zucker durch Süßstoffe, die keine Kalorien haben, kann in Diätprodukten durchaus sinnvoll sein, zumal Zucker nur sogenannte „leere Kalorien" liefert, das heißt keine lebenswichtigen Stoffe wie Vitamine oder Mineralstoffe enthält. Ein weiteres Argument für Süßstoffe ist die Tatsache, daß sie keine Karies verursachen.

Zur Zeit sind folgende Substanzen zugelassen: Saccharin, Cyclamat, Aspartam und Acesulfam. Die Zulassung erstreckt sich auf bestimmte Lebensmittel sowie auf die Verwendung als Tafelsüße. In der Zutatenliste muß die verwendete Substanz dann namentlich aufgeführt werden. Aspartam (Nutrasweet®) nimmt aufgrund bestimmter Eigenschaften eine gewisse Sonderstellung ein. Die Substanz besteht aus zwei Aminosäuren, also aus natürlich vorkommenden Eiweißbausteinen, und wird im Organismus genau wie diese abgebaut. Außerdem kann Aspartam nicht erhitzt werden, was durch den Zusatz auf der Verpackung „nicht zum Kochen und Backen geeignet" kenntlich gemacht wird.

In vielen industriell hergestellten Fertigprodukten wird heute eine Kombination verschiedener Süßstoffe eingesetzt, da dadurch der subjektive Eindruck der Süßwirkung erhöht wird. Kritisch ist anzumerken, daß der Konsum von mit Süßstoff gesüßten Produkten den Appetit auf immer mehr Süßes offenbar steigert, so daß eine zu großzügige Verwendung zu vermeiden ist. Unabhängig davon sind Süßstoffe aber gerade für Diabetiker besonders geeignet, denn sie werden, mit Ausnahme von Aspartam, nicht verstoffwechselt.

Aromastoffe

Diese Stoffe sind ausschließlich zur Aromatisierung von Lebensmitteln bestimmt. Sie verleihen dem Produkt eine bestimmte Geschmacksnote, die es selber nicht aufweist. Dementsprechend kann man sie von den Geschmacksverstärkern (siehe Seite 25) und von solchen Substanzen, die Lebensmitteln einen ausschließlich süßen, sauren oder salzigen Geschmack verleihen, wie beispielsweise Zucker, Essig und Salz, deutlich abgrenzen.

Man unterscheidet drei Gruppen von Aromastoffen: die natürlichen Aromastoffe, die naturidentischen Aromastoffe und die künstlichen Aromastoffe. Natürliche Aromastoffe, wie etwa das Zitronenaroma aus echten Zitronen, werden durch schonende Aufarbeitung aus Naturprodukten gewonnen. Da diese Verfahren recht kostenaufwendig sind, verwendet man in Lebensmitteln zunehmend sogenannte naturidentische

Aromastoffe. Diese besitzen zwar die gleiche chemische Struktur wie ihre natürlichen Vorbilder, werden aber synthetisch hergestellt. In den meisten Fällen können sie jedoch das natürliche Aroma nicht zufriedenstellend kopieren, da dieses aus dem Zusammenspiel von sehr vielen Verbindungen entsteht. Zur Zeit sind mehr als 2000 naturidentische Aromastoffe im Handel. Da sie den natürlichen Aromastoffen entsprechen, unterliegen sie nicht den strengen toxikologischen Prüfungen, die für andere Zusatzstoffe gelten.

Schließlich gibt es noch künstliche Aromastoffe, die synthetisch hergestellt werden und in der Natur nicht vorkommen. Als Beispiel sei das Ethylvanillin genannt, eine chemische Verbindung, die die Geschmacksempfindung „Vanille" hervorruft. Die in der Bundesrepublik zugelassenen 18 künstlichen Aromastoffe dürfen nur bestimmten Lebensmitteln bis zu einer festgesetzten Obergrenze beigesetzt werden. Bei den Lebensmitteln handelt es sich um Brausen, künstliche Heiß- und Kaltgetränke (dies sind Brausen ohne Kohlensäure), Tees, Cremespeisen, süße Saucen und Suppen, Kunstspeiseeis, Kaugummi sowie um Zucker- und Backwaren. Aromastoffe werden in der Zutatenliste nicht einzeln genannt. Es muß jedoch angegeben werden, ob es sich um „natürliche", „naturidentische" oder um „künstliche Aromastoffe" handelt.

Bleichmittel

Sie werden eingesetzt, um Lebensmittel zu entfärben. Zugelassen sind sie nur für Fischkonserven, Stärke, Gelatine und für die Schale von Walnüssen. In Großbritannien ist auch das Bleichen von Mehl gestattet.

Treibgase

Unter Treibgasen versteht man Gase oder unter Druck verflüssigte, also komprimierte Gase, die in Zerstäubern eingesetzt werden und die es ermöglichen, dessen Inhalt gewissermaßen „auf Knopfdruck" freizusetzen. Die verwendeten Substanzen müssen gesundheitlich unbedenklich und chemisch unempfindlich gegenüber Behältern und Inhalt sein. Diesen Anforderungen genügen zum Beispiel Kohlensäure beziehungsweise Kohlendioxid (E 290), Stickstoff, komprimierte Luft und Lachgas, das meist zum Aufschäumen von Sahne eingesetzt wird. In der Zutatenliste muß sowohl der

Klassenname „Treibgas" als auch der chemische Name der Verbindung oder des Stoffes angegeben werden.

Backtriebmittel

Sie erzeugen beim Backen Kohlendioxid (CO_2), das den Teig auflockert. Bei Hefebackwaren jedoch wird das Kohlendioxid von den Hefepilzen erzeugt. Daher ist die Hefe kein Zusatzstoff und erscheint auf der Zutatenliste nur als Zutat. Die bekanntesten Backtriebmittel sind Weinstein, Phosphate, Natriumbikarbonat und Pottasche. In der Zutatenliste genügt die Angabe „Backtriebmittel" ohne genaue Bezeichnung des verwendeten Mittels.

Rauch

Das Räuchern ist wohl eine der ältesten Methoden zur Konservierung von Lebensmitteln. Die konservierende Wirkung beruht dabei vor allem auf einem Wasserentzug und auf der desinfizierenden Wirkung einiger Rauchbestandteile, die aber wohl etwas überbewertet wird. Der Rauch wird meist durch Verschwelen von zerkleinertem Holz, oftmals unter Zusatz von Gewürzen, gewonnen. Das Lebensmittelrecht läßt hierbei nur die Verwendung von naturbelassenen Hölzern zu. Heute tritt die Bedeutung des Rauches als Konservierungsmittel immer mehr in den Hintergrund; das Aroma und die Rauchfärbung werden aber weiterhin geschätzt.

Prinzipiell unterscheidet man zwei Räuchermethoden:

Die traditionelle **Kalträucherung** erfolgt bei recht niedrigen Rauchtemperaturen von 15 bis 25 Grad Celsius. Sie wird bei Produkten eingesetzt, die während des Räucherns trocknen sollen und kann sich über mehrere Wochen erstrecken. Der dementsprechend große Wasserentzug ermöglicht eine echte Konservierung des so behandelten Lebensmittels. Beispiele für kaltgeräucherte Produkte sind Schinken oder Trockenwürste.

Die **Heißräucherung** dauert nur wenige Stunden, wobei mit Rauchtemperaturen von 60 bis 65 Grad Celsius gearbeitet wird. Diese Methode hat in letzter Zeit an Bedeutung gewonnen, da sie viel wirtschaftlicher als die Kalträucherung ist. Brühwürste werden oftmals auf diese Weise behandelt. Durch den deutlich geringeren Wasserverlust ist der konservierende Effekt dieses Verfahrens aber nicht mit dem der Kalträucherung zu vergleichen.

Nach geltendem Recht ist Rauch allgemein zur Behandlung von Lebensmitteln zugelassen. Geräucherte und dann verpackte Fleisch- und Fischprodukte werden in der Zutatenliste durch den Hinweis „Rauch" oder „geräuchert" gekennzeichnet. Rauch enthält Tausende von chemischen Substanzen, die in der Mehrzahl noch nicht identifiziert sind. Als besonders umstritten gilt der Rauchbestandteil Benzpyren, der eindeutig krebserregend ist. Benzpyren findet sich vor allem in dunkel geräucherten Produkten, die daher sparsam konsumiert oder ganz gemieden werden sollten. Die bereits erwähnte Kalträucherung ist in jedem Fall gesundheitlich unbedenklicher als die Heißräucherung, da bei ihr weniger Benzpyren entsteht und die Inhaltsstoffe der Lebensmittel geschont werden. Rauch enthält auch eine Reihe von sogenannten phenolischen Verbindungen, die nicht unumstritten sind, da sie bei gepökeltem Fleisch die Nitrosaminbildung (siehe Seite 21) erleichtern können. Generell ist jedoch anzumerken, daß der Mensch den weitaus größten Teil an Benzpyrenen oder Phenolen über durch Abgase belastete Luft und die Nahrung aufnimmt, so daß der gelegentliche Genuß geräucherter Produkte kaum ins Gewicht fällt.

In den letzten Jahren gab es besonders in den USA Bemühungen, das Raucharoma zu isolieren und so die unerwünschten Effekte des Räucherns auszuschalten. Durch das Abfangen der Rauchpartikel beim Verschwelen von naturbelassenen Hölzern und durch die anschließende Isolierung der wesentlichen Inhaltsstoffe wird so Flüssigrauch erzeugt, der besonders in Barbecuesaucen Verwendung findet. Diese Methode ist bei uns noch nicht erlaubt, der Zusatz von Räuchersalzen oder Räucherschinkenaroma erzielt aber den gleichen Effekt.

Schaumverhüter

Entgegen der Vermutung, daß sie die Schaumbildung im fertigen Nahrungsmittel verhindern sollen, werden Schaumverhüter eingesetzt, um eine zu starke Schaumbildung bei der Produktion von Fertigprodukten zu unterdrücken. Bekannte Schaumverhüter sind Öle, Fette und die Glyceride der Speisefettsäuren. In der Zutatenliste werden sie nur als „Schaumverhüter" ausgewiesen.

Schaumstabilisatoren

Sie verleihen schaumartigen Zubereitungen, wie Eischnee oder Schlagsahne, über einen längeren Zeitraum eine größere Stabilität. Schaumstabilisatoren werden vor allem bei der industriellen Produktion von Back- und Süßwaren eingesetzt. Sowohl die Wirkungsweise als auch die chemischen Eigenschaften der Schaumstabilisatoren sind vergleichbar mit denen von Emulgatoren und Dickungsmitteln. Die genaue Angabe der verwendeten Substanzen auf der Packung ist nicht vorgeschrieben. Es reicht hier die Bezeichnung „Schaumstabilisator".

Trübstabilisatoren

Sie werden bei der Herstellung von Fruchtsäften verwendet, um das Absetzen von Fruchtpartikeln zu verhindern. Die so behandelten Fruchtsäfte werden als naturtrüb bezeichnet.

Modifizierte Stärken

Sogenannte modifizierte oder veränderte Stärke ist durch chemische Prozesse veränderte Stärke. Sie dient bevorzugt als Füll- und Dickungsmittel und vermag das Volumen bestimmter Produkte zu vergrößern. Besonders häufig wird modifizierte Stärke zum Andicken von Puddings oder Cremespeisen verwendet, die dann kein Wasser an ihrer Oberfläche absetzen. Physikalisch, etwa mit Wasserdampf, sowie enzymatisch behandelte Stärke gilt nicht als Zusatzstoff, sondern als Lebensmittel, chemisch modifizierte Stärke hingegen fällt in die Kategorie der Zusatzstoffe. Meist wird hier das Distärkephosphat verwendet. Zur Kennzeichnung in der Zutatenliste ist der Hinweis „modifizierte Stärke" ausreichend.

Schmelzsalze und Phosphate

Bei der Herstellung von Schmelz- und Kochkäse werden sogenannte Schmelzsalze zugesetzt, die ein Abtrennen von einzelnen Milchbestandteilen, wie Käse und Molke, verhindern. So können Fett, Eiweiß und Wasser zu einer glatten Masse vermischt werden. Die wichtigsten Schmelzsalze sind Mono- und Polyphosphate sowie Milch- und Zitronensäure. Je nach verwendetem Schmelzsalz kann das fertige Produkt bestimmte Eigenschaften erhalten. Durch Zugabe von Natriumphosphat zum Beispiel wird das Hauptprotein des Käses, das Casein, in Natriumcasein umgewandelt. Der Käse wird dadurch hitzesterilisierbar und bleibt trotzdem quellfähig. Auf der Zutatenliste reicht der Klassenname „Schmelzsalze" aus, sofern es sich nicht um Phosphate handelt. Bei diesen muß zusätzlich der chemische Name oder die E-Nummer angegeben werden.

Phosphate sind in ihrer Wirkungsweise so vielfältig wie kaum ein anderer Zusatzstoff. Ihren Eigenschaften nach kann man sie in fast jede Zusatzstoffklasse einordnen. In alkoholischen Getränken wirken sie beispielsweise wie Konservierungsstoffe, da sie das Bakterienwachstum unterbinden, bei Backfetten können sie die Wirkung von Antioxidantien verstärken, und in ultrahocherhitzter Milch und Kondensmilch sorgen sie für Hitzestabilität, so daß diese nicht mehr gelieren. Besonders häufig werden Phosphate bei der Herstellung von Fleischwaren und Milchprodukten eingesetzt. Wenn früher Fleisch zu Brühwurst (zum Beispiel Frankfurter- und Wiener Würstchen oder Bock- und Jagdwurst) verarbeitet wurde, verwendete man nur schlachtwarmes Fleisch, da nur dieses quellfähig ist und Wasser und Fett aufnimmt. Da aber immer weniger Wursthersteller selbst schlachten, wird zunehmend tiefgefrorenes Fleisch verarbeitet. Bei diesem kann aber die Quellfähigkeit des Fleischeiweißes nur durch die Zugabe von Phosphaten wiederhergestellt werden, so daß heute praktisch alle Brühwürste Phosphate als Zusatzstoffe enthalten.

Die Verwendung von Phosphaten in Lebensmitteln ist nicht unumstritten. Phosphate sind zwar für unseren Körper lebensnotwendig, der Bedarf wird aber durch die tägliche Nahrung ausreichend gedeckt. Nach einer Empfehlung der Deutschen Gesellschaft für Ernährung (DGE) sollte die Phosphataufnahme im Verhältnis 1:1 zur Calciumaufnahme stehen. Wird über einen längeren Zeitraum extrem mehr Phosphat als Calcium aufgenommen, kann es durch hormonelle Regulationsmechanismen (Abgabe von Calcium aus den Knochen ins Blut) möglicherweise zu Knochenerweichung (Osteoporose) kommen. Leider geht die Calciumzufuhr in der Bevölkerung immer mehr zurück, da der Verzehr von Milch und Milchprodukten sinkt, so daß das Ungleichgewicht Phosphat:Calcium noch vergrößert wird. Um möglichen gesundheitlichen Risiken vorzubeugen, sollten daher besonders Kinder, Heranwachsende und Frauen eine übermäßige Phosphataufnahme vermeiden und auf eine ausreichende Calciumzufuhr achten.

Die Zusatzstofftabelle

Hinweise zur Benutzung der Tabelle

Die einzelnen Zusatzstoffe lassen sich, wie bereits schon erwähnt, entsprechend ihrer Funktion in Klassen unterteilen. In der nachfolgenden Tabelle werden sie daher auch dementsprechend nach Klassen geordnet vorgestellt. Zusatzstoffe, die sich aufgrund ihrer Eigenschaften mehreren Klassen zuordnen lassen, werden nur in der Klasse, in der sie die größte Bedeutung besitzen, ausführlich beschrieben. In den anderen Klassen findet sich jedoch ein Verweis auf die Seite mit den detaillierten Erläuterungen. Innerhalb der Zusatzstoffklassen werden die verschiedenen Substanzen nach steigender E-Nummer tabellarisch besprochen. Zusatzstoffe, die keine E-Nummer besitzen, folgen am Kapitelende in alphabetischer Reihenfolge.

Nehmen wir an, Sie finden auf der Verpackung einer Süßspeise in der Zutatenliste den Hinweis auf E 123 und möchten gerne wissen, was sich dahinter verbirgt. In unserer Tabelle gehen Sie dazu folgendermaßen vor: Sie schauen im E-Nummernverzeichnis des Buches unter E 123 nach und finden dort einen Verweis auf die Seite, auf der der Zusatzstoff besprochen wird. Möchten Sie wissen, in welche Zusatzstoffklasse E 123 gehört, schauen Sie auf der betreffenden Seite nach dem Kolumnentitel (auf der Seite ganz unten neben der Seitenzahl). In unserem Beispiel sind es die Farbstoffe. Wenn Sie noch mehr über Farbstoffe erfahren möchten, können Sie dazu einiges in der Einleitung dieses Buches im Kapitel „Farbstoffe" nachlesen. Die betreffenden Seiten entnehmen Sie bitte dem Inhaltsverzeichnis oder dem Register des Buches. Zu jedem Zusatzstoff gibt Ihnen die Tabelle folgende Informationen: E-Nummer, chemische Bezeichnung der Substanz, Erläuterungen zur Herkunft, Auflistung von Lebensmitteln, in denen die Substanz häufig vorkommt und mögliche Nebenwirkungen. In der letzten Spalte der Tabelle wird die Substanz abschließend beurteilt. Es erfolgte eine Einschätzung des Risikopotentials in vier Klassen:

U = unbedenklich.

R– = Dieser Stoff birgt ein sehr geringes gesundheitliches Risiko. Allergien oder Unverträglichkeitsreaktionen können nur vereinzelt auftreten. Somit besteht prinzipiell kein Grund, Produkte mit Zusatzstoffen, die durch ein R– gekennzeichnet sind, zu meiden, solange Sie sie gut vertragen.

R = Zusatzstoffe, die mit einem R gekennzeichnet sind, besitzen gesundheitsgefährdende Eigenschaften. Diese treten jedoch in unterschiedlicher Stärke auf. Sie sollten den Konsum entsprechend gekennzeichneter Lebensmittel meiden oder zumindest einschränken.

R+ = Die so gekennzeichneten Substanzen sind als bedenklich einzustufen. Auf Produkte mit Zusatzstoffen dieser Kategorie sollten Sie in jedem Fall verzichten.

Angemerkt sei noch, daß einige Zusatzstoffe in der Tabelle eine E-Nummer besitzen, die mit einem Sternchen markiert ist. Diese Stoffe sind nach bundesdeutschem Recht keine Zusatzstoffe und bedürfen deshalb keiner Zulassung. Es handelt sich hierbei meist um Stoffe biologischen Ursprungs, die auch in unserem Körper vorkommen, oder um Vitamine. Sie werden aber häufig Lebensmitteln zugesetzt und wurden daher der Vollständigkeit halber in die Tabelle aufgenommen.

Im Anhang dieses Buches finden Sie eine Sondertabelle nach Lebensmittelgruppen mit den für diese gesetzlich zugelassenen Zusatzstoffklassen. Mit Hilfe dieser Auflistung können Sie sich schnell einen Überblick über mögliche Zusatzstoffe in Lebensmitteln verschaffen. Die angegebenen Zusätze müssen aber nicht zwangsläufig in den genannten Lebensmitteln verwendet worden sein.

E-Nummer	Name der Verbindung/ Substanz	Farbe und Herkunft

Farbstoffe

E 100	Kurkumin	orangegelb; Extrakt aus dem Wurzelstock der süd- asiatischen Gelbwurzel, wird auch synthetisch hergestellt
E 101	Riboflavin, Vitamin B_2 oder Lactoflavin	intensiv gelb; natürlicher Bestandteil in allen tierischen und pflanzlichen Zellen, wird aber auch synthetisch hergestellt
E 101a	Riboflavin-5-phosphat	gelb; synthetisch oder halbsynthetisch aus Riboflavin hergestellt
E 102	Tartrazin	intensiv gelb; synthetisch hergestellter Azofarbstoff

Verwendung des Stoffes in Lebensmitteln	Nebenwirkungen	Beurteilung
wichtiger Bestandteil des Currypulvers (da Kurkumin auch einen würzigen Geschmack und Geruch besitzt); in Reisfertiggerichten, Margarine, Senf, Fertigsuppen und -saucen	keine Hinweise	U
für alle Lebensmittel zugelassen; häufig zur Färbung von Puddings und Cremespeisen, in Speiseeis, Süßwaren, Mayonnaise, Suppen und Käseerzeugnissen	keine Hinweise	U
wie Riboflavin für alle Lebensmittel zugelassen, gleiche Verwendungsmöglichkeiten in Lebensmitteln	keine Hinweise	U
sehr häufig verwendeter Farbstoff für Fertigdesserts wie Puddings und Cremespeisen, für Eis, Süßigkeiten, Kuchen, Kaugummi, Kunsthonig, Getränke, Brausen und Brausepulver sowie Senf und Sirup; Anwendung ab 10. 10. 1992 drastisch eingeschränkt auf: Kräuter- und Gewürzbranntweine, Fruchtaromaliköre sowie Kräuterliköre (z. B. mit Ei, Milch oder Sahne), Emulsions- und Gewürzliköre	Tartrazin ist sehr umstritten, da es relativ häufig allergische Reaktionen bzw. pseudoallergische Erkrankungen auslösen kann; eindeutig belegtes Risiko für Aspirinallergiker und Asthmatiker sowie die Gefahr von Hauterkrankungen wie Nesselsucht und asthmatische Beschwerden; erbgutverändernder Effekt wird diskutiert, scheint aber bei den in Lebensmitteln verwendeten Tartrazinmengen sehr fraglich zu sein	R+ Die EG-weite Einschränkung der Verwendung ist zu begrüßen. Tartrazinhaltige Produkte sollten gemieden werden

E-Nummer	Name der Verbindung/Substanz	Farbe und Herkunft
E 104	chinolingelb	gelb, wird häufig mit blauen Substanzen gemischt, um grüne Färbungen zu erzielen; synthetisch hergestellt
E 110	gelborange S	gelborange; synthetisch hergestellter Azofarbstoff
E 120	Cochenille, Karminsäure, echtes Karmin	intensiv rot; Gewinnung aus der Cochenilleschildlaus, die auf verschiedenen Kaktusarten in Mexiko und Mittelamerika lebt, die Substanz wird aber chemisch verändert
E 122	Azorubin	rot; synthetisch hergestellter Azofarbstoff
E 123	Amaranth	kirschrot; synthetisch hergestellter Azofarbstoff
E 124	Cochenillerot A	rot; synthetisch hergestellter Azofarbstoff

Verwendung des Stoffes in Lebensmitteln	Nebenwirkungen	Beurteilung
Zuckerwaren, Glasuren, Brausen, Fertigpuddings, Speiseeis, Produkte mit Zitronengeschmack, Räucherfisch	allergieähnliche Reaktionen werden vermutet	R–
Creme- und Geleespeisen, Marzipan, Puddingpulver, Zitronenquark und weitere Produkte mit Zitronengeschmack, Süßwaren, Kaugummi, Kunsthonig, Obstkonserven, Marmeladen, Mixgetränke, Biskuits mit Orangengelee, Fertigsuppen und -saucen, Lachsersatz	Risiko pseudoallergischer Erkrankungen, besonders betroffen sind Aspirinallergiker und Asthmatiker	R sollte vor allem von Allergikern und Kindern gemieden werden
alkoholische Getränke	sehr selten allergische Reaktionen	R–
Fertigsaucen und -suppen, Kuchen, Marmeladen, Obstkonserven, Fruchtjoghurt, Puddingpulver, Eis und Süßwaren	vereinzelt pseudoallergische Reaktionen, von denen insbesondere Asthmatiker und Aspirinallergiker betroffen sind	R– sollte von empfindlichen Personen gemieden werden
Getränke, Süßwaren, Obstkonserven, Konfitüren, Speiseeis, Liköre	allergische Reaktionen, besonders bei Asthmatikern und Aspirinallergikern möglich	R Konsum entsprechend gefärbter Produkte einschränken; Stoff besitzt in den USA keine Zulassung
Getränke, Fischprodukte (z. B. Lachsersatz), Fertigpuddings, Geleespeisen	Allergien treten sehr selten auf, geringes Risiko für Asthmatiker und Aspirinallergiker	R–

E-Nummer	Name der Verbindung/ Substanz	Farbe und Herkunft
E 127	Erythrosin	rosarot; synthetisch hergestellter Azofarbstoff
E 131	Patentblau V	blau; wird oft mit gelben Farbstoffen gemischt; synthetisch hergestellt
E 132	Indigotin, Indigokarmin	blau; ursprünglich Pflanzenextrakt, heute synthetisch hergestellt
E 140	Chlorophyll	grün; natürliches Blattgrün, Extrakt aus Brennessel, Luzerne oder Gras
E 141	Kupferkomplexe der Chlorophylle	grün; Gewinnung durch chemische Umsetzung von Chlorophyll
E 142	Brillantsäuregrün BS, Lisamingrün	grün; synthetisch hergestellt
E 150	Zuckercouleur	dunkelbraun; gilt als natürlicher Farbstoff, Gewinnung durch Karamelisierung von Zucker, teilweise unter Zusatz von Ammoniak oder von Natriumcarbonat, um die Reaktion zu beschleunigen

Verwendung des Stoffes in Lebensmitteln	Nebenwirkungen	Beurteilung
seit 1992 nur noch für Cocktailkirschen, Obstsalatkonserven mit Kirschanteil und kandierte Kirschen zugelassen	gibt Spuren von Jod ab, daher sollten Menschen mit Schilddrüsenerkrankungen entsprechend gefärbte Produkte meiden; gesteigerte Lichtempfindlichkeit der Haut (Photosensibilisierung) möglich, ansonsten geringes Allergierisiko	R
Glasuren, Getränke, Süßwaren, Geleespeisen und -früchte	keine Hinweise, zumal die Substanz vom Körper fast vollständig unverändert ausgeschieden wird	U
Süßwaren, Glasuren, Liköre, Geleespeisen und -früchte, Kaugummi	sehr selten allergische Erkrankungen	U
selten verwendet: in Süßwaren, Kaugummi, Cremespeisen und Kunstspeiseeis	keine Hinweise; wird im Körper wie Blattgrün aus Gemüse verwertet	U
Liköre, Süßwaren, Kunstspeiseeis, Gelee- und Cremespeisen, Kaugummi	keine Hinweise; die Substanz wird vom Körper nur in Spuren aufgenommen	U
Süßwaren, aber nur sehr selten	keine Hinweise	U
Gebäck, Zuckerwaren, Fertigpuddings, Essig, Spirituosen, Fertigdesserts; seit 1992 nicht mehr für alle Lebensmittel zugelassen	keine Hinweise	U

E-Nummer	Name der Verbindung/ Substanz	Farbe und Herkunft
E 151	Brillantschwarz BN	schwarz; synthetisch hergestellter Azofarbstoff
E 153	Kohlenschwarz, Carbo medicinalis vegetabilis	schwarz; Gewinnung aus Pflanzen durch Verkohlungsverfahren
E 160a bis f	Carotine und deren Abkömmlinge	
E 160a	beta-Carotin (Provitamin A), alpha- und gamma-Carotin	orangegelb; aus Gemüse und Früchten (Karotten, Tomaten, Mais, Paprikaschoten und Hagebutten) gewonnen, beta-Carotin wird auch synthetisch hergestellt
E 160b	Bixin, Norbixin, Annatto, Orlean	gelborange; Pflanzenfarbstoff, heute fast ausschließlich künstlich hergestellt
E 160c	Capsanthin, Capsorubin	rotorange; Naturfarbstoff aus Paprikaschoten
E 160d	Lycopin	rot; wird aus Tomaten gewonnen
E 160e	beta-apo-8'-Carotinal	orangerot; naturidentisch hergestellt
E 160f	beta-apo-8'-Carotinsäureethylester	gelborange; aus 160e chemisch durch Veresterung gewonnen

Verwendung des Stoffes in Lebensmitteln	Nebenwirkungen	Beurteilung
Fischrogenerzeugnisse, also Kaviarersatz, Wachsüberzüge für Käse, Süßwaren, Geleefrüchte, Fertigsaucen	in Einzelfällen Allergien möglich, besonders bei Aspirinallergikern und Asthmatikern	R–
Wachsüberzüge für Käse, Liköre und Schokoladenprodukte	keine Hinweise	U
Margarine, Butter, Joghurt, Käse, Salatsaucen, Fertigpuddings, und Süßwaren; beta-Carotin ist für alle Lebensmittel zugelassen	keine Hinweise	U
Käse, Margarine, Fertigpuddings	gut verträglicher Tartrazinersatz, steht aber im Verdacht, Allergien auszulösen	R–
Käse; dient auch als Geschmackszusatz	keine Hinweise	U
Käse, Fertigsuppen und -saucen	keine Hinweise	U
selten verwendet, z. B. in Fertigsaucen und -suppen sowie in Käseerzeugnissen	keine Hinweise	U
selten verwendet, z. B. in Fertigsuppen und -saucen sowie in Käseerzeugnissen	keine Hinweise	U

E-Nummer	Name der Verbindung/ Substanz	Farbe und Herkunft
E 161a bis g E 161a E 161b E 161c E 161d E 161e E 161f E 161g	Xanthophylle und deren Abkömmlinge Flavoxanthin Lutein Kryptoxanthin Rubixanthin Violaxanthin Rhodoxanthin Canthaxanthin	E 161a – f: gelb bis orange; natürliche Pflanzen-farbstoffe aus Blättern und Blüten E 161g: orangerot; synthetisch hergestellt
E 162	Betenrot, Betanin	rot bis rotviolett; Naturfarbstoff, Gewin-nung aus roten Beten
E 163	Anthocyane	rot, blau, braun; Gewinnung aus Rot-weintrestern, Trauben-schalen oder Rotkohl
E 170	Calciumcarbonat	weiß bis grauweiß; Gewinnung aus Kreide oder Kalk
E 171	Titandioxid	weiß; aus Mineralien
E 172	Eisenoxide und Eisenhydroxide	gelb, rot, braun, schwarz; aus Mineralien
E 173	Aluminium	silbergrau; aus Mineralien und Metallen
E 174	Silber	silberfarben; aus Metallen und Mineralien

Verwendung des Stoffes in Lebensmitteln	Nebenwirkungen	Beurteilung
E 161a–f: Lachsersatz, Tomatenprodukte, Biskuits E 161g: mit strikter Mengenbegrenzung ausschließlich für Kuchenverzierungen und kandierte Früchte zugelassen	E 161a–f: keine Hinweise E 161g: bei sehr großen Verzehrmengen sind irreversible Ablagerungen der Substanz auf der Netzhaut des Auges möglich	E 161a–f: U E 161g: R– nur geringes Risiko
Süßwaren, Gelees, Marmeladen, Joghurt, Eis, Kaugummi, zum Nachfärben industriell bearbeiteter Lebensmittel	keine Hinweise	U
Konfitüren, Süßwaren, Brausepulver, Obstkonserven, Getränke	keine Hinweise	U
Oberflächen kandierter Früchte, Süßwaren, Marzipan	keine Hinweise	U
zugelassen für Massen und Oberflächen von Süßwaren wie Kaugummi, Marzipan und kandierte Früchte	keine Hinweise	U
zugelassen für Massen und Oberflächen von kandierten Früchten, Süßwaren und Marzipan	keine Hinweise	U
zugelassen für Oberflächen von kandierten Früchten, Süßwaren und Marzipan	keine Hinweise	U
Oberfläche von Süßwaren	keine Hinweise	U

E-Nummer	Name der Verbindung/ Substanz	Farbe und Herkunft
E 175	Gold	goldfarben; aus Metallen und Mineralien
E 180	Rubinpigment BK, Litholrubin BK	rot; synthetisch hergestellter Azofarbstoff
E 250 bis E 252	Nitrate und Nitrite, siehe Konservierungsstoffe (Seite 50)	
579	Eisengluconat (zum Schwärzen von Oliven), siehe Säuren und Säureregulatoren (Seite 68)	

Verwendung des Stoffes in Lebensmitteln	Nebenwirkungen	Beurteilung
Oberflächen von Süß-waren, Danziger Gold-wasser	keine Hinweise	U
ausschließlich für Käseüberzüge	Allergien können auf-treten	U weitgehend unbe-denklich, da kein Verzehr erfolgt

E-Nummer	Name der Verbindung/ Substanz	Herkunft

Konservierungsstoffe

E-Nummer	Name der Verbindung/ Substanz	Herkunft
E 200 bis E 203	Sorbinsäure und Sorbate	
E 200	Sorbinsäure	synthetisch hergestellt, kann aber auch aus Früchten gewonnen werden
E 201	Natriumsorbat	Salz der Sorbinsäure
E 202	Kaliumsorbat	Salz der Sorbinsäure
E 203	Calciumsorbat	Salz der Sorbinsäure
E 210 bis E 213	Benzoesäure und Benzoate	
E 210	Benzoesäure	synthetisch hergestellt, Vorkommen in Benzoeharz
E 211	Natriumbenzoat	Salz der Benzoesäure
E 212	Kaliumbenzoat	Salz der Benzoesäure
E 213	Calciumbenzoat	Salz der Benzoesäure
E 214 bis E 219	Ester der p-Hydroxibenzoesäure (PHB-Ester)	aus Benzoesäure synthetisch hergestellt
E 214	p-Hydroxibenzoesäure-ethylester	
E 215	p-Hydroxibenzoesäure-ethylester (Natriumverbindung)	
E 216	p-Hydroxibenzoesäure-n-propylester	
E 217	p-Hydroxibenzoesäure-n-propylester (Natriumverbindung)	
E 218	p-Hydroxibenzoesäure-methylester	
E 219	p-Hydroxibenzoesäure-methylester (Natriumverbindung)	

Verwendung des Stoffes in Lebensmitteln	Nebenwirkungen	Beurteilung
Zulassung für fast alle Lebensmittel, denen Konservierungsstoffe zugesetzt werden dürfen, gute Wirksamkeit gegen Schimmelpilze; Brot und Backwaren, Marmeladen und Fruchtspeisen, Salate, Fertigsaucen, Fischprodukte, Mayonnaise, Margarine, Schnittkäse und Wein	sehr gut verträglich, da Sorbinsäure im Organismus wie eine natürliche Fettsäure abgebaut wird; nur minimales Allergierisiko, evtl. durch Zersetzungsprodukte bei der Lagerung, daher werden den Lebensmitteln mit Sorbinsäure auch Antioxidationsmittel (Seite 22) zugesetzt	U
gut wirksam gegen Bakterien, jedoch nur im sauren ph-Bereich; Fruchtzubereitungen für Milchprodukte, Fischerzeugnisse, Süßwaren, Mayonnaise, Marinaden, Fertigsalate, Fertigsaucen	relativ häufig allergische Erkrankungen, Nesselsucht und andere Hautreaktionen; störend ist der brennende Geschmack, der bereits bei geringen Konzentrationen auftritt	R
Fertigsalate, Fertigsaucen, Marzipan und andere Süßwaren, Fischkonserven	selten allergische Hauterkrankungen, Ekzeme; bereits in geringen Konzentrationen Beeinträchtigung des Geschmacks von Lebensmitteln	R–

E-Nummer	Name der Verbindung/ Substanz	Herkunft
E 220 bis E 227	schweflige Säure und ihre Salze	synthetisch hergestellt
E 220	Schwefeldioxid	
E 221	Natriumsulfit	
E 222	Natriumhydrogensulfit	
E 223	Natriumdisulfit	
E 224	Kaliumdisulfit	
E 226	Calciumsulfit	
E 227	Calciumhydrogensulfit	
E 230	Biphenyl (Diphenyl)	synthetisch hergestellt
E 231	Orthophenylphenol	synthetisch hergestellt
E 232	Natriumorthophenyl- phenolat	synthetisch hergestellt
E 233	Thiabendazol	synthetisch hergestellt
E 236 bis E 238	Ameisensäure und ihre Salze (Formiate)	Substanzen sind natür- lichen Ursprungs, be- nannt nach ihrem Vor- kommen im Ameisengift,
E 236	Ameisensäure	werden heute aber syn-
E 237	Natriumformiat	thetisch hergestellt
E 238	Calciumformiat	
E 250	Natriumnitrit	synthetisch hergestellt

Verwendung des Stoffes in Lebensmitteln	Nebenwirkungen	Beurteilung
für alle Lebensmittel bis 10 mg/kg zugelassen; Gemüsekonserven, Kartoffelerzeugnisse, Zitrussäfte, Marmeladen, kandierte Früchte, Trockenobst, Speisegelatine, Merrettichkonserven, Wein	Reizungen des Verdauungstraktes, Übelkeit, Durchfall, Asthma, Kopfschmerz, vermindert den Vitamin-B$_1$-Gehalt von Lebensmitteln	R
E 230 bis E 232 finden nur bei der Oberflächenbehandlung von Zitrusfruchtschalen Verwendung	ein Allergierisiko ist vorhanden, ist jedoch als relativ gering einzustufen, da die Schalen nicht verzehrt werden	R–
nur für Oberflächenbehandlung von Bananenschalen (die Verwendung muß nicht angegeben werden) und Schalen von Zitrusfrüchten	nur geringes Allergierisiko, da die Schalen nicht verzehrt werden	R–
Obst- und Fruchtzubereitungen zur industriellen Weiterverarbeitung zu Fruchtsaftgetränken; Fischkonserven, Getränke, geräucherter Fisch sowie Sauerkonserven (ausgenommen Sauerkraut)	gilt in den üblichen Konzentrationen als unbedenklich, selten Überempfindlichkeitsreaktionen bei sehr sensiblen Menschen	U
gepökelte Fleischprodukte wie Wurstwaren, Schinken und Kasseler, Fischkonserven, Käse	Bildung krebserregender Nitrosamine ist möglich, außerdem setzt Natriumnitrit die Sauerstofftransportkapazität des Blutes durch Methämoglobinbildung herab, daher nicht zulässig in Babynahrung	R+

E-Nummer	Name der Verbindung/ Substanz	Herkunft
E 251	Natriumnitrat	synthetisch hergestellt
E 252	Kaliumnitrat	synthetisch hergestellt, Verbindung ist aber natürlichen Ursprungs
E 260 bis E 263	Essigsäure und ihre Salze	
E 260	Essigsäure	Essigsäure entsteht durch Vergärung von Weingeist, wird heute aber auch synthetisch hergestellt
E 261	Kaliumacetat	Kaliumsalz der Essigsäure
E 262	Natriumdiacetat	Natriumsalz der Essigsäure
E 263	Calciumacetat	Calciumsalz der Essigsäure
E 270	Milchsäure, siehe Säuren und Säureregulatoren (Seite 60)	

Verwendung des Stoffes in Lebensmitteln	Nebenwirkungen	Beurteilung
gepökelte Fleischprodukte wie Wurstwaren und Kasseler, Anchosen (Heringe oder Sprotten in Würztunke), Käse	Reaktion zu Nitrit ist möglich, Bildung krebserzeugender Nitrosamine ist nicht auszuschließen	R+
gepökelte Fleischprodukte wie Wurstwaren, Kasseler und Schinken, Fischkonserven (Anchosen)	Reaktion zu Nitrit ist möglich, Bildung krebserzeugender Nitrosamine ist nicht auszuschließen, bei Langzeitaufnahme evtl. Nierenschaden	R+
allgemein zugelassene Säuerungsmittel, deren konservierende Eigenschaften bereits früh erkannt wurden; Salze der Essigsäure dienen als Säureregulatoren (Puffer, Seite 23) und halten den pH-Wert konstant	keine Hinweise; können vom Körper verwertet werden	U

E-Nummer	Name der Verbindung/ Substanz	Herkunft

Antioxidationsmittel

E-Nummer	Name der Verbindung/ Substanz	Herkunft
E 220 bis E 227	Schwefeldioxid und Sulfite, siehe Konservierungs- stoffe (Seite 50)	
E 270	Milchsäure, siehe Säuren und Säure- regulatoren (Seite 60)	
E 300 bis E 302 E 300 E 301 E 302	Ascorbinsäure (Vit- amin C) und ihre Salze L-Ascorbinsäure Natrium-L-ascorbat Calcium-L-ascorbat	werden heute groß- technisch hergestellt, natürliches Vorkommen von Vitamin C z. B. in Zitrusfrüchten, Paprika- schoten und Hagebutten
E 304	6-Palmitoyl-L-ascorbin- säure	synthetisch aus Vit- amin C (Ascorbinsäure) hergestellt
E306	Tocopherol (Vitamin E)	Gewinnung aus Keim- ölen wie Sojaöl sowie aus Reis oder Weizen- keimen
E 307	alpha-Tocopherol	synthetisch hergestellt
E 308	gamma-Tocopherol	synthetisch hergestellt
E 309	delta-Tocopherol	synthetisch hergestellt

Verwendung des Stoffes in Lebensmitteln	Nebenwirkungen	Beurteilung
allgemeine Zulassung, Ascorbinsäure, z. B. für Tiefkühlkost, Kartoffelerzeugnisse, Fruchtprodukte und Säfte; die Salze werden hauptsächlich in Wurstwaren und Fertiggerichten verwendet	keine Nebenwirkungen, der Zusatz zu Nahrungsmitteln ist sogar zu empfehlen, da Ascorbinsäure ein Vitamin ist; in Verbindung mit Pökelsalzen wird die unerwünschte Nitrosaminbildung verringert	U
ähnlicher Einsatzbereich wie bei Ascorbinsäure, ist jedoch aufgrund der guten Löslichkeit in Öl für fettreiche Lebensmittel besser geeignet, z. B. für Trockensuppen und Wurstwaren	siehe Ascorbinsäure (oben)	U
allgemein zugelassen, gut wirksame Antioxidans, besonders für fettreiche Lebensmittel wie Pflanzenöle und sahnehaltige Fertigdesserts, aber auch für Tiefkühlprodukte	gilt als unbedenklich, ja sogar als gesundheitsförderlich – dazu sind jedoch deutlich größere Mengen erforderlich, als sie unseren Lebensmitteln zugesetzt werden	U
allgemein zugelassen, häufig in Fleisch- und Wurstprodukten	keine Nebenwirkungen bei den für Lebensmittel verwendeten Mengen	U

E-Nummer	Name der Verbindung/ Substanz	Herkunft
E 310	Propylgallat	synthetisch aus Gallussäure hergestellt, die aus pflanzlichen Rohstoffen stammt
E 311	Octylgallat	
E 312	Dodecylgallat	
E 320	Butylhydroxianisol (BHA)	synthetisch hergestellt
E 321	Butylhydroxitoluol (BHT)	synthetisch hergestellt

Verwendung des Stoffes in Lebensmitteln	Nebenwirkungen	Beurteilung
besonders für Fette und Öle als Antioxidans geeignet; Kartoffelerzeugnisse, Trockensuppen und -saucen, Knabbergebäck, Öl und Kaugummi	Unverträglichkeitsreaktionen der Haut (Ausschlag) und des Verdauungstraktes sind möglich; Asthmatiker und Aspirinallergiker reagieren oft empfindlich; mehrfach wurde die Vermutung geäußert, daß die Gallate dem Körper Eisen entziehen, das eine wichtige Rolle bei der Blutbildung spielt, daher gelten die Gallate als ungeeignet für Babynahrung	R Produkte, die Gallate enthalten, nur sparsam verwenden, auch wenn sie gut vertragen werden
besonders für Fette und Öle als Antioxidans geeignet, häufig in Kombination mit einer Säure (Zitronen- oder Phosphorsäure) oder mit einem Gallat eingesetzt; Fertigsuppen (besonders in Würfeln) Fastfood-Produkte, Erdnußcremes, Fertigsaucen, Kartoffelerzeugnisse, Knabbergebäck, Süßwaren, Walnußkerne	Allergien und eine Beeinträchtigung der Leberfunktion sind bei Langzeitkonsum möglich; BHA soll Blutfettwerte erhöhen und somit das Risiko einer Herz-Kreislauf-Erkrankung steigern; nicht zulässig in Babynahrung	R+ entsprechend behandelte Produkte meiden
nur in Kaugummi zugelassen	umstrittenes Antioxidationsmittel, insbesondere empfindliche Personen wie Aspirinallergiker neigen zu Hautreaktionen	R+ insbesondere Kinder sollten keine Lebensmittel essen, die BHT enthalten

E-Nummer	Name der Verbindung/ Substanz	Herkunft
E 322	Lecithin	natürlicher Zellbestandteil, Gewinnung aus Eigelb, Sojabohnen und Samen anderer Hülsenfrüchte sowie aus Erdnüssen
E 325 bis E 327	Lactate (Salze der Milchsäure), siehe Säuren und Säureregulatoren (Seite 60)	
E 330 bis E 333	Citronensäure und Citrate, siehe Säuren und Säureregulatoren (Seite 60)	
E 334 bis E 337	Weinsäure und ihre Salze (Tartrate), siehe Säuren und Säureregulatoren (Seite 60)	
E 339 bis E 341	Orthophosphate, siehe Schmelzsalze und Phosphate (Seite 96)	
E 472c	Mono- und Diglyceride von Speisefettsäuren, verestert mit Citronensäure, siehe Stabilisatoren und Emulgatoren (Seite 76)	

Verwendung des Stoffes in Lebensmitteln	Nebenwirkungen	Beurteilung
verzögert das Altwerden von Lebensmitteln; allgemein zugelassen als Antioxidans und Emulgator in Margarine (die dann beim Braten nicht mehr spritzt), Zusatz in Schokolade, Brot, Mayonnaise, Fertiggebäck und Dessertmischungen	gesundheitlich unbedenklich, denn Lecithin ist natürlicher Bestandteil pflanzlicher und tierischer Zellen	U

E-Nummer	Name der Verbindung/ Substanz	Herkunft

Säuren und Säureregulatoren

E-Nummer	Name der Verbindung/ Substanz	Herkunft
* E 260 bis E 263	Essigsäure und ihre Salze, siehe Konservierungsstoffe (Seite 52)	
* E 270, E 325 bis E 327	Milchsäure und ihre Salze	
*E 270	Milchsäure	durch Vergärung von Kartoffel- oder Maisstärke hergestellt
E 325	Natriumlactat	Salz der Milchsäure
E 326	Kaliumlactat	Salz der Milchsäure
E 327	Calciumlactat	Salz der Milchsäure
* E 330 bis E 333	Citronensäure und ihre Salze	
* E 330	Citronensäure	durch Vergärung von kohlenhydrathaltigen Abfällen, z. B. von Zuckermelasse, hergestellt
E 331 a bis c	Natriumcitrate	Salze der Citronensäure
E 332 a und b	Kaliumcitrate	Salze der Citronensäure
E 333	Calciumcitrate	Salze der Citronensäure
* E 334 bis E 337	L(+) Weinsäure und ihre Salze	
* E 334	L(+) Weinsäure	aus Rückständen der Weinproduktion gewonnen
E 335	Natriumtartrate	Salze der Weinsäure
E 336	Kaliumtartrate	Salze der Weinsäure
E 337	Natrium-Kalium-Tartrat	Salz der Weinsäure

Verwendung des Stoffes in Lebensmitteln	Nebenwirkungen	Beurteilung
allgemein zugelassenes Säuerungsmittel und seine Salze; sie alle dienen zur Ansäuerung und Aromatisierung von Lebensmitteln und verstärken die Wirkung von Antioxidantien (Seite 22); in Wurst, Käse, Backwaren, Limonaden, Salatdressings	Milchsäure kann bei Neugeborenen zu Stoffwechselstörungen führen, bei Kindern und Erwachsenen gilt sie auch in größeren Mengen als unbedenklich, wird vom Körper ohne Probleme abgebaut	U
allgemein zugelassenes Säuerungsmittel und seine Salze; Geschmacksstoff für Limonaden und Brausen, verhindert das Entfärben von Früchten und Gemüse in Dosen, schützt Vitamin C vor Abbau; außerdem Verwendung in Marmeladen, Gelees und diversen Käsewaren	Citronensäure wird auch im menschlichen Körper hergestellt, bei extrem hoher Aufnahme kann es zu Calciummangel kommen	U aufgrund der Stabilisierung von Vitamin C in Konservenprodukten als Zusatz zu begrüßen
allgemein zugelassenes Säuerungsmittel und seine Salze; Verwendung wie die Citronensäure und ihre Salze in Marmeladen, Gelees und Limonaden; dient als Lösungsmittel für Lebensmittelfarbstoffe; verstärkt die Wirkung von Antioxidantien, wird häufig auch in Kuchenmischungen verwendet	keine Hinweise	U

E-Nummer	Name der Verbindung/ Substanz	Herkunft
E 338 bis E 341, 343	Orthophosphorsäure und Orthophosphate, siehe Schmelzsalze und Phosphate (Seite 96)	
296, 350 bis 352	Äpfelsäure und ihre Salze	
296	Äpfelsäure (L- oder DL-Form)	die L-Form kommt in vielen Früchten (z. B. in Äpfeln und Birnen) natürlich vor, technisch wird sie durch mikrobielle oder chemische Synthese gewonnen
350	Natriummalat	Salz der Äpfelsäure
351	Kaliummalat	Salz der Äpfelsäure
352	Calciummalat	Salz der Äpfelsäure
353	Metaweinsäure	aus Weinsäure (Seite 60) hergestellt
354	Calciumtartrat	Salz der Weinsäure (Seite 60)
355	Adipinsäure	natürlich vorkommende Säure, synthetisch hergestellt
363	Bernsteinsäure	synthetisch hergestellt, Säure kommt im Verlauf des Körperstoffwechsels vor
375	Nicotinsäure	ist das Vitamin B_3, welches in natürlicher Form besonders in Leber, Bierhefe und magerem Fleisch enthalten ist, synthetisch hergestellt

Verwendung des Stoffes in Lebensmitteln	Nebenwirkungen	Beurteilung
dienen als Säuerungsmittel und Aromastoffe; finden vor allem in Getränken, Backwaren und Knabbererzeugnissen Verwendung	wie die Citronensäure ist Äpfelsäure ein Zwischenprodukt beim Abbau von Kohlenhydraten und Fetten in unserem Körper	U
verhindern bei der Herstellung von Wein die Weinsteinbildung	keine Hinweise	U
dient als Säuerungsmittel und Aromaträger (Kochsalzersatz) in diätetischen Lebensmitteln	wird im menschlichen Körper nur teilweise abgebaut, der Rest wird mit dem Urin ausgeschieden	U
allgemein zugelassenes Säuerungsmittel	keine Hinweise	U
Zusatz in diätetischen Lebensmitteln und Vitamintabletten	geringe Mengen sind lebensnotwendig, Überdosierungen (in Form von Vitamintabletten) sollten vermieden werden	U

E-Nummer	Name der Verbindung/ Substanz	Herkunft
E 450 a bis c	Di-, Tri- und Polyphosphate von Natrium und Kalium, siehe Schmelzsalze und Phosphate (Seite 96)	
500	Natriumcarbonate (Soda)	
501	Kaliumcarbonate (Pottasche)	
503	Ammoniumcarbonate (Hirschhornsalz)	
504	Magnesiumcarbonat, siehe Backtriebmittel (Seite 92)	
507 bis 511	Salzsäure und ihre Salze	
507	Salzsäure	synthetisch hergestellt, ist eine sehr starke Säure
508	Kaliumchlorid	Salz der Salzsäure
509	Calciumchlorid	Salz der Salzsäure
510	Ammoniumchlorid (Salmiak)	Salz der Salzsäure
511	Magnesiumchlorid	Salz der Salzsäure

Verwendung des Stoffes in Lebensmitteln	Nebenwirkungen	Beurteilung
Salzsäure wird bei der Spaltung von Eiweiß sowie der Spaltung von Rohrzucker in Glucose und Fructose verwendet; Kaliumchlorid und Magnesiumchlorid dienen in diätetischen Lebensmitteln als Kochsalzersatz; Calciumchlorid wird in Dosengemüse als Festigungsmittel verwendet; Ammoniumchlorid ist als Aromastoff zugelassen	Kaliumchlorid kann in höheren Mengen abführend wirken; Ammoniumchlorid kann den Säuregehalt des Urins herabsetzen und sollte von Personen mit Leber- und Nierenerkrankungen gemieden werden	Salzsäure: U Kaliumchlorid: R– Calciumchlorid: U Ammoniumchlorid: R– Magnesiumchlorid: U

E-Nummer	Name der Verbindung/ Substanz	Herkunft
513 bis 516, 520, 523	Schwefelsäure und ihre Salze	
513	Schwefelsäure	stark wasserziehende Säure, synthetisch hergestellt
514	Natriumsulfat (Glaubersalz)	Sulfatsalz der Schwefelsäure
515	Kaliumsulfat	Sulfatsalz der Schwefelsäure
516	Calciumsulfat (Gips)	Sulfatsalz der Schwefelsäure
520	Aluminiumsulfat	Sulfatsalz der Schwefelsäure
523	Aluminiumammonsulfat (Alaun)	Sulfatsalz der Schwefelsäure
524 bis 529	Laugen und andere alkalisch (nicht sauer) reagierende Verbindungen	diese Stoffe werden alle großtechnisch nach spezifischen chemischen Verfahren hergestellt
524	Natriumhydroxid (Natronlauge)	
525	Kaliumhydroxid (Kalilauge)	
526	Calciumhydroxid (Kalkmilch)	
527	Ammoniumhydroxid (Ammoniak)	
528	Magnesiumhydroxid	
529	Calciumoxid (gebrannter Kalk)	
540	Dicalciumdiphosphat	
543	Calciumnatriumpolyphosphat	
544	Calciumpolyphosphate, siehe Schmelzsalze und Phosphate (Seite 96)	

Verwendung des Stoffes in Lebensmitteln	Nebenwirkungen	Beurteilung
wie die Salzsäure wird Schwefelsäure bei der Spaltung von Zucker verwendet; Kaliumsulfat dient in diätetischen Lebensmitteln als Kochsalzersatz; Calciumsulfat wird als Festigungsmittel und Hüllmaterial verwendet	keine Hinweise	U
Natriumhydroxid dient in Konserven und Marmeladen als Lösungsmittel für Farbstoffe und wird bei der Herstellung von Laugengebäck und Instanttees verwendet; die anderen alkalischen Verbindungen werden als Neutralisierungsmittel, z. B. in Kakaoerzeugnissen, verwendet	in den verwendeten Konzentrationen unbedenklich	U

E-Nummer	Name der Verbindung/Substanz	Herkunft
* 574 bis 579	Gluconsäure und ihre Abkömmlinge	
*574	Gluconsäure	aus Glucose (Traubenzucker) synthetisch hergestellt
575	Glucono-delta-Lacton (GdL)	aus Glucose synthetisch hergestellt
576	Natriumgluconat	Salz der Gluconsäure
577	Kaliumgluconat	Salz der Gluconsäure
578	Calciumgluconat	Salz der Gluconsäure
579	Eisengluconat	Salz der Gluconsäure

Verwendung des Stoffes in Lebensmitteln	Nebenwirkungen	Beurteilung
Glucono-delta-Lacton wird bei der Bierherstellung verwendet, um die Ablagerung von Phosphatsalzen zu verhindern; die Gluconsäuresalze kommen in diätetischen Lebensmitteln vor; Eisengluconat wird zum Schwärzen von Oliven eingesetzt	keine Hinweise	U

E-Nummer	Name der Verbindung/ Substanz	Herkunft

Dickungs- und Geliermittel

E-Nummer	Name der Verbindung/ Substanz	Herkunft
E 339 bis E 441, 343	Orthophosphate, siehe Schmelzsalze und Phosphate (Seite 96)	
E 400 bis E 405	Alginsäure und ihre Salze	
E 400	Alginsäure	aus Braunalgen gewonnen
E 401	Natriumalginat	Salz der Alginsäure
E 402	Kaliumalginat	Salz der Alginsäure
E 403	Ammoniumalginat	Salz der Alginsäure
E 404	Calciumalginat	Salz der Alginsäure
E 405	Propylenglykolalginat	Salz der Alginsäure
E 406	Agar-Agar	aus Rotalgen gewonnen
E 407	Carrageen	Produkt aus getrockneten Rotalgen des Atlantiks, benannt nach einer gleichnamigen irischen Stadt
E 410	Johannisbrotkernmehl	gemahlener Samen des Johannisbrotbaums, der im Mittelmeergebiet heimisch ist

Verwendung des Stoffes in Lebensmitteln	Nebenwirkungen	Beurteilung
allgemein zugelassene Dickungsmittel; Vorkommen vor allem in Instantpuddings, Gelees, Backwaren, Eiscreme, Mayonnaise, Salatsaucen und Wurstwaren; Propylenglykolalginat wird in Saucen aus Fleischerzeugnissen verwendet	keine Hinweise	U
allgemein zugelassen als Dickungs- und Geliermittel; stabilisiert die Konsistenz von Joghurt, Zuckerwaren, Pastetenfüllungen, Puddingpulver und Eiscreme	toxikologisch nicht ausreichend untersucht, soll im Tierversuch die Wirkung krebserregender Substanzen verstärkt haben, weitere Untersuchungen sind notwendig	R–
zur Stabilisierung von Eiscreme, Milchgetränken und Kondensmilch; zum Verdicken von Tomatenketchup, Fertigsaucen, Cremes und Konfitüren	vereinzelt werden allergieähnliche Überempfindlichkeitsreaktionen beschrieben	R–
allgemein zugelassen; z. B. in Produkten mit Milch (Speiseeis, Schmelzkäse), Fertigsalaten, Cremespeisen und Kaugummi	keine Hinweise	U

E-Nummer	Name der Verbindung/ Substanz	Herkunft
E 412	Guarkernmehl	aus den Samen der asiatischen Guarpflanze gewonnen
E 413	Traganth	getrockneter Saft aus der Rinde südwestasiatischer Pflanzen
E 414	Gummi arabicum	getrockneter Saft aus der Rinde bestimmter Akazienbäume, die im mittleren Osten wachsen
E 415	Xanthan	mikrobiologisch aus Zucker gewonnen
E 440 a	Pektin	aus Äpfeln und Zitrusfrüchten gewonnen
E 440 b	amidiertes Pektin	chemisch verändertes Pektin
442	Ammoniumsalze von Phosphatidsäuren	synthetisch hergestellt

Verwendung des Stoffes in Lebensmitteln	Nebenwirkungen	Beurteilung
allgemein zugelassen; dient der Verdickung von Nahrungsmitteln wie Speiseeis, Schmelzkäse, Puddings, Joghurt, Milchshakes und Kaugummi	allergische Reaktionen möglich	R–
allgemein zugelassen, vermag Emulsionen zu stabilisieren; findet Verwendung in Salatsaucen, Milchprodukten, Käsezubereitungen und Kaugummi	keine Hinweise	U
allgemein zugelassen; verlangsamt das Auskristallisieren von Zucker in Limonaden, häufig in Milchprodukten, Fleisch- und Wurstwaren	vereinzelt allergische Reaktionen möglich	R–
allgemein zugelassen; wird z. B. in Fertigsuppen, -saucen und -salaten verwendet	keine Hinweise	U
Pektin ist allgemein zugelassen; bildet in Verbindung mit Zucker und Fruchtsäuren Gelees, Verwendung in Konfitüren, Gelees und Joghurts, aber auch in Fischkonserven, Mayonnaisen und Milchpuddings; amidiertes Pektin ist nur für Gelierzucker, Gelierhilfen und Marmeladen zugelassen	keine Hinweise	U
dienen in Kakao- und Schokoladenprodukten als Stabilisator und Emulgator	keine Hinweise	U

E-Nummer	Name der Verbindung/ Substanz	Herkunft
E 450 a bis c	Di-, Tri- und Polyphosphate, siehe Schmelzsalze und Phosphate (Seite 96)	
E 460a	mikrokristalline Cellulose	Cellulose ist der wichtigste Bestandteil von Pflanzenfasern, und wird auch aus diesen gewonnen
E 460b	gemahlene Cellulose, Cellulosepulver	aus Pflanzenfasern gewonnen
E 461	Methylcellulose	chemisch veränderte Cellulose
E 463	Hydroxypropylcellulose	chemisch veränderte Cellulose
E 464	Hydroxypropylmethylcellulose	chemisch veränderte Cellulose
E 466	Carboxymethylcellulose	chemisch veränderte Cellulose
540	Dicalciumdiphosphat	
543	Calciumnatriumpolyphosphat	
544	Calciumpolyphosphate, siehe Schmelzsalze und Phosphate (Seite 96)	
920	L-Cystein	
921	Cystin, siehe Mehlbehandlungsmittel (Seite 26)	

Verwendung des Stoffes in Lebensmitteln	Nebenwirkungen	Beurteilung
allgemein zugelassen; Cellulose und ihre Verbindungen finden in Speiseeis, Käseprodukten und diätetischen Lebensmitteln Verwendung; Carboxymethylcellulose ist in Süßstofftabletten enthalten	nicht zugelassen für Baby- und Kleinkindernahrung, da unverdaulich, ansonsten unbedenklich	U

E-Nummer	Name der Verbindung/ Substanz	Herkunft

Stabilisatoren und Emulgatoren

E-Nummer	Name der Verbindung/ Substanz	Herkunft
E 322	Lecithin, siehe Antioxidations- mittel (Seite 58)	
E 470	Natrium-, Kalium- und Calciumsalze der Speisefettsäuren	aus Speisefetten oder Speisefettsäuren herge- stellt
E 471	Mono- und Diglyceride von Speisefettsäuren	aus Glycerin und Fettsäuren synthetisch hergestellt
E 472 E 472a E 472b E 472c E 472d E 472e E 472f	Mono- und Diglyceride von Speisefettsäuren verestert mit: – Essigsäure – Milchsäure – Citronensäure – Weinsäure – Monoacetyl- und Diacetylweinsäure – Essigsäure und Weinsäure	chemisch veränderte Speisefette
E 474	Zuckerglyceride	Verbindung von E 471 (oben)
E 475	Polyglycerinester von Speisefettsäuren	synthetisch hergestellt durch Reaktion von Zucker mit Speisefetten
920	Cystein	
921	Cystin, siehe Mehlbehandlungs- mittel (Seite 26)	

Verwendung des Stoffes in Lebensmitteln	Nebenwirkungen	Beurteilung
besitzen selbst emulgie-rende Eigenschaften, die-nen aber oft als Zusatz zu anderen Emulgatoren; häufig in Backmischun-gen, Desserts und Speise-eis	keine Hinweise	U
Emulgator für Back- und Konditoreiwaren, Milch-getränke, Desserts, Pasteten, Würste, Speise-eis und Kaugummi	keine Hinweise	U
Emulgatoren für Back-waren, Fertigsaucen und -suppen, Cremespeisen und Margarine	keine Hinweise	U
Emulgator für feine Back-waren und Überzüge von Würsten	keine Hinweise	U
feine Backwaren, Kuchen-mischungen, Puddings, Überzüge von Würsten	keine Hinweise	U

E-Nummer	Name der Verbindung/ Substanz	Herkunft

Trennmittel, Mittel zur Erhaltung der Rieselfähigkeit und Überzugsmittel

E-Nummer	Name der Verbindung/ Substanz	Herkunft
E 170	Calciumcarbonat, siehe Farbstoffe (Seite 44)	
530	Magnesiumoxid (Magnesia)	durch Erhitzen aus Magnesiumcarbonat gewonnen
535	Natriumhexacyano-ferrat (II)	gelbe Blutlaugensalze, werden in der Photographie als Kontrastmittel verwendet
536	Kaliumhexacyano-ferrat (II)	
550 bis 554, 558	Kieselsäure und ihre Salze	
550	Natriumsilicat (Wasserglas)	stark hydratisiertes Natriumsilikat
551	Siliciumdioxid (Kieselsäure)	gesteinsbildendes Mineral, Hauptbestandteil von Sand
552	Calciumsilicat	natürlich vorkommendes Mineral, wird synthetisch hergestellt
553a	Magnesiumsilicat	natürlich vorkommendes Mineral, aus Kieselsäure und Magnesiumoxid, chemisch hergestellt
553b	Talkum	wasserhaltiges Magnesiumsilikat; natürlich vorkommendes Mineral
554	Aluminiumsilicate	natürlich vorkommende Mineralien
558	Bentonit	wasserhaltiges Aluminiumsilikat; wird einem besonderen Aufarbeitungsverfahren unterzogen

Verwendung des Stoffes in Lebensmitteln	Nebenwirkungen	Beurteilung
wird in Kakaoerzeugnissen verwendet, um ein Verklumpen zu verhindern	keine Hinweise	U
Antiklumpmittel, erhalten die Rieselfähigkeit von Speisesalz, indem sie die Kristallstruktur verändern	eine Freisetzung von giftigem Cyanid ist aufgrund der hohen Stabilität der Verbindung ausgeschlossen	U in den verwendeten Mengen unbedenklich
Natriumsilicate werden für eingelegte Eier verwendet; Siliciumdioxid und Calciumsilicat finden sich in gepreßten Süßwaren; Talkum dient bei Süßwaren als Trennmittel; Aluminiumsilicate werden bei Kaugummi als Trennmittel verwendet; Bentonit ist für Wein und Apfelwein ein Schönungsmittel	es handelt sich hierbei um eine Gruppe weitverbreiteter Naturstoffe, die vom Körper nicht oder nur in Spuren aufgenommen werden und chemisch inaktiv sind	U

E-Nummer	Name der Verbindung/ Substanz	Herkunft
570 und 572	Stearinsäure und Stearate	
570	Stearinsäure	in tierischen und pflanzlichen Fetten natürlich vorkommende Fettsäure
572	Magnesiumstearat	Salz der Stearinsäure
901	Bienenwachs	natürliches Produkt aus der Bienenwabe, gereinigt
902	Candelillawachs	natürliches Wachs von Wüstenpflanzen
903	Carnaubawachs	aus den Blätterschuppen der brasilianischen Wachspalme gewonnen
904	Schellack	entfärbtes Ausscheidungsprodukt der indischen Schildlaus „Coccus lacca"
905	Hartparaffin	Gemisch gereinigter, fester Kohlenwasserstoffe; aus Rückständen der Erdöldestillation gewonnen oder aus Kohlenmonoxid und Wasserstoff synthetisch hergestellt
906	Benzoeharz	Harze verschiedener Kiefernarten; durch Anschneiden der lebenden Bäume gewonnen; Bestandteil von Parfüms

Verwendung des Stoffes in Lebensmitteln	Nebenwirkungen	Beurteilung
Magnesiumstearat wird bei Kaugummi als Trennmittel verwendet	keine Hinweise	U
Trennmittel für Süßwaren, z. B. bei Fruchtgummi	Bienenwachs ist unverdaulich	U
Trennmittel für Süß- und Backwaren; Kaumassegrundstoff	zeigt bei Fütterungsversuchen auch in größeren Mengen keine toxischen Wirkungen	U
Trennmittel für Süß- und Backwaren; Überzugsmittel für Zitrusfrüchte; Kaumassegrundstoff	im Tierversuch nicht toxisch	U
Überzugsmittel für Kaugummi und Zitrusfrüchte	toxikologisch kaum untersucht	R–
Überzugsmittel für Zitrusfrüchte, Käseprodukte und Kaugummi	keine Hinweise	U
Trenn- und Überzugsmittel für Kaugummi	toxikologisch kaum untersucht	R–

E-Nummer	Name der Verbindung/ Substanz	Herkunft
907	mikrokristalline Wachse	–
913	Wollfett (Wollwachs)	bei der Aufarbeitung der Schafwolle gewonnene und gereinigte, salbenartige Masse
915	Kolophonester	Ester des Kolophoniums, auch Geigenharz genannt, welches ein Rückstand der Terpentinöldestillation ist

Verwendung des Stoffes in Lebensmitteln	Nebenwirkungen	Beurteilung
Kaumassegrundstoff; Trenn- und Überzugsmittel für Gebäck und Süßwaren	keine Hinweise	U
Kaumassegrundstoff; Trenn- und Überzugsmittel für Gebäck und Süßwaren	toxikologisch kaum untersucht	R–
Kaumassegrundstoff; Trägersubstanz für färbende Stoffe zum Stempeln von Eierschalen und Käseüberzügen	toxikologisch kaum untersucht	R–

E-Nummer	Name der Verbindung/ Substanz	Herkunft

Geschmacksverstärker

E-Nummer	Name der Verbindung/ Substanz	Herkunft
620 bis 623, 625	Glutaminsäure und Glutamate	
620	Glutaminsäure	ist eine natürliche Aminosäure, industriell wird sie aus Rückstännden der Zuckerherstellung gewonnen
621	Natriumglutamat	Salz der Glutaminsäure
622	Kaliumglutamat	Salz der Glutaminsäure
623	Calciumglutamat	Salz der Glutaminsäure
625	Magnesiumglutamat	Salz der Glutaminsäure
627	Natriumguanylat	industriell hergestellte Salze der Bausteine natürlicher Nukleinsäuren
628	Kaliumguanylat	
631	Natriuminosinat	
632	Kaliuminosinat	
636	Maltol	synthetisch hergestellt
637	Ethylmaltol	synthetisch hergestellt

Verwendung des Stoffes in Lebensmitteln	Nebenwirkungen	Beurteilung
verstärken den salzigen Geschmack von Fleisch und Gemüse, indem sie bestimmte Geschmacksnerven sensibilisieren, vor allem in Fleischerzeugnissen, Würzmitteln, Fertiggerichten und Knabbergebäck	empfindliche Menschen klagen bereits vor Erreichen der duldbaren Tagesdosis über Kopf- und Brustschmerzen, Übelkeit und Hitzewallungen (auch als Chinarestaurantsyndrom bekannt); treten solche Symptome auf, sollte Glutamat gemieden werden; Verwendung in Babynahrung ist abzulehnen	R
wie Glutaminsäure und Glutamate verstärken diese Stoffe den Fleischgeschmack, in ihrer Intensität sind sie jedoch ungleich stärker (10- bis 20fach), Verwendung hauptsächlich in Fleischerzeugnissen, Würzmitteln, Fertiggerichten	Guanylate und Inosinate werden im Körper verwertet, von Gichtpatienten sollten sie aber gemieden werden	R–
allgemein zugelassene Süßungsmittel, verstärken den Geschmack von Süßspeisen, Fruchtsäften, Marmeladen und anderen Lebensmitteln mit einem hohen Kohlenhydratanteil	Maltol entsteht beim Erhitzen kohlenhydrathaltiger Lebensmittel; es wird im menschlichen Körper rasch abgebaut	U

E-Nummer	Name der Verbindung/ Substanz	Herkunft
	L-Alanin L-Arginin L-Argininhydrochlorid L-Asparaginsäure Glycin L-Leucin L-Lysin L-Lysinhydrochlorid DL-Lysin L-Methionin Natriumaspartat L-Phenylalanin L-Serin L-Threonin L-Valin	diese Aminosäuren sind natürliche Eiweißbausteine, werden durch chemisch-physikalische Verfahren aus Eiweiß gewonnen

Wasserbehandlungsmittel

925	Chlor	synthetisch gewonnen
926	Chlordioxid	synthetisch hergestellt

Verwendung des Stoffes in Lebensmitteln	Nebenwirkungen	Beurteilung
Aminosäuren werden in verschiedenen Fast-food-Produkten und in diätetischen Lebensmitteln eingesetzt, um deren Geschmack positiv zu beeinflussen	da der Gesetzgeber die erlaubte Menge stark eingeschränkt hat, ist ein Ungleichgewicht in der Aminosäurebalance des Körpers nicht zu befürchten	U da es sich um körpereigene Substanzen handelt, sind sie als unbedenklich einzustufen

sehr reaktionsfähige Stoffe, die lebende Zellen schädigen, daher werden sie nur zur Desinfektion eingesetzt	Chlorgas ist ein sehr giftiges starkes Reizgas; die aus der Behandlung von Wasser mit Chlor oder Chlordioxid in Lebensmitteln zurückbleibenden Mengen sind jedoch minimal und daher unbedenklich	U

E-Nummer	Name der Verbindung/ Substanz	Herkunft

Zuckeraustauschstoffe und Süßstoffe

E-Nummer	Name der Verbindung/ Substanz	Herkunft
E 420	Sorbit	Zuckeralkohol, aus Traubenzucker (Glucose) halbsynthetisch hergestellt, kommt aber auch in Früchten vor, Zuckeraustauschstoff
E 421	Mannit	Zuckeralkohol, aus dem Zucker Mannose halbsynthetisch hergestellt, natürliches Vorkommen in Algen und Manna (aus der Mannaesche austretende süße Masse), Zuckeraustauschstoff
	*Xylit	Zuckeralkohol, aus dem Zucker Xylose halbsynthetisch hergestellt, Zuckeraustauschstoff
	*Saccharin	synthetisch hergestellter Süßstoff

Verwendung des Stoffes in Lebensmitteln	Nebenwirkungen	Beurteilung
für diätetische Lebensmittel zugelassen, wie z. B. für Bonbons, Kaugummi, Diabetikerschaumwein, Süßspeisen, Gebäck, Marmelade	sinnvoll als Zuckeraustauschstoff in Diabetikernahrung, wirkt in größeren Mengen (ab ca. 50 g/Tag) abführend und ist daher nicht für Babys geeignet	U
für diätetische Lebensmittel zugelassen, wie z. B. für Eiscreme und Kaugummi, als Zuckerersatz in Diabetikernahrung und Süßwaren	nur sinnvoll als Zuckeraustauschstoff in Diabetikernahrung, wirkt bereits in Mengen von ca. 20 g/Tag abführend, Übelkeit, Blähungen und Durchfall sind möglich, ungeeignet für Babys und Kleinkinder	R– Konsummenge beachten
Verwendung wie Sorbit	sinnvoll als Zuckeraustauschstoff in Diabetikernahrung, wirkt in größeren Mengen abführend, nicht geeignet für Babys	U Konsummenge beachten
da Saccharin erhitzt werden kann, bestehen vielseitige Verwendungsmöglichkeiten in Gerichten, Süßkraft ca. 300mal größer als die des Zuckers; kalorienreduzierte Erfrischungsgetränke, Kaugummi ohne Zucker, Feinkostsalate, Fischzubereitungen, Mayonnaise, Speisesenf, Gemüsesauerkonserven	in größeren Mengen tritt ein unangenehm metallischer Nebengeschmack auf, Saccharin gilt in den üblicherweise verwendeten Mengen als unbedenklich, die vor einigen Jahren geäußerten Befürchtungen, daß die Substanz krebserregend sei, wurden nicht bestätigt	U

E-Nummer	Name der Verbindung/ Substanz	Herkunft
	*Cyclamat	synthetisch hergestellter Süßstoff
	*Aspartam (Nutrasweet®)	synthetisch hergestellter Süßstoff, besteht aus den Aminosäuren Phenylalanin und Asparaginsäure, also aus natürlichen Eiweißbausteinen
	*Acesulfam-K (früher Acetosulfam)	synthetisch hergestellter Süßstoff

Verwendung des Stoffes in Lebensmitteln	Nebenwirkungen	Beurteilung
Cyclamat ist hitzebeständig und kann daher für viele Speisen und Lebensmittel zum Süßen verwendet werden, Süßkraft ca. 30–40mal größer als die des Zuckers; kalorienreduzierte Erfrischungsgetränke	keine Hinweise	U
ist aufgrund seiner chemischen Struktur nicht hitzebeständig und kann nicht zum Kochen und Backen verwendet werden, Süßkraft ca. 200mal größer als die des Zuckers; kalorienreduzierte Erfrischungsgetränke, Kaugummi ohne Zucker, kalorienarme süße Suppen, Saucen, Puddings und Cremespeisen, kalorienarme Milcherzeugnisse, Zuckerwaren ohne Zucker, Feinkostsalate, Fischzubereitungen, Mayonnaise, Salatsaucen, Obstkonserven ohne Zuckerzusatz	Aspartam wird im Magen-Darm-Trakt des Menschen in seine Bestandteile, in die Aminosäuren, Phenylalanin und Asparaginsäure, gespalten und wie diese verdaut; Personen, die an einer genetisch bedingten Stoffwechselstörung, der Phenylketonurie, leiden, dürfen Aspartam nicht zu sich nehmen	U
ist hitzebeständig und daher zum Kochen und Backen geeignet, die Süßkraft entspricht der des Aspartams; kalorienreduzierte Erfrischungsgetränke, Kaugummi ohne Zucker, kalorienarme süße Suppen, Saucen, Puddings, Cremespeisen und Milcherzeugnisse, Zuckerwaren ohne Zucker, Feinkostsalate, Fischzubereitungen, Mayonnaise, Salatsaucen, Speisesenf, Gemüsesauerkonserven, Obstkonserven ohne Zuckerzusatz	keine Hinweise	U

E-Nummer	Name der Verbindung/ Substanz	Herkunft

Feuchthaltemittel

E 420	Sorbit, siehe Zuckeraustausch-stoffe (Seite 88)	
E 421	Mannit, siehe Zuckeraustausch-stoffe (Seite 88)	
E 422	Glycerin	kommt in der Natur in Pflanzenzellen vor, indu-striell wird die Substanz durch Abbau von Ölen oder Fetten gewonnen

Backtriebmittel

E 341 a bis c	Calciumorthophosphate	synthetisch hergestellt
500	Natriumcarbonate (Soda)	synthetisch hergestellt
501	Kaliumcarbonate (Pottasche)	synthetisch hergestellt
503	Ammoniumcarbonate (Hirschhornsalz)	synthetisch hergestellt
504	Magnesiumcarbonat	natürliches Mineral, synthetisch hergestellt

Verwendung des Stoffes in Lebensmitteln	Nebenwirkungen	Beurteilung
in Backwaren, Kuchenüberzügen, Konfekt und Likören als mildes Süßungs- und als Feuchthaltemittel	keine Hinweise	U
Calciumorthophosphat ist ein Triebmittel in Haushaltsbackpulver und Phosphatbackpulver, auch in Kuchenmischungen enthalten	keine Hinweise	U
Natriumhydrogencarbonat ist das Backtriebmittel in vielen Haushaltsbackpulvern	keine Hinweise	U
Triebmittel für Lebkuchen	keine Hinweise	U
Hirschhornsalz ist nur für flache Feinbackwaren als Backpulver zugelassen	keine Hinweise	U
–	–	–

E-Nummer	Name der Verbindung/ Substanz	Herkunft

Modifizierte Stärken

E 1414	acetyliertes Distärkephosphat	aus Stärke synthetisch hergestellt
E 1420	Stärkehydrat verestert mit Essigsäureanhydrid	aus Stärke synthetisch hergestellt
E 1422	acetyliertes Distärkeadipat	aus Stärke synthetisch hergestellt

Verwendung des Stoffes in Lebensmitteln	Nebenwirkungen	Beurteilung
vor allem als Dickungsmittel in Geleewaren, Gebäckfüllungen, Fertigpuddings und Fruchtgummi	keine Hinweise	U
vor allem als Dickungsmittel in Geleewaren, Gebäckfüllungen, Fertigpuddings und Fruchtgummi	keine Hinweise	U
vor allem als Dickungsmittel in Geleewaren, Gebäckfüllungen, Fertigpuddings und Fruchtgummi	keine Hinweise	U

E-Nummer	Name der Verbindung/ Substanz	Herkunft

Schmelzsalze und Phosphate

E-Nummer	Name der Verbindung/ Substanz	Herkunft
E 325 bis E 327	Lactate (Salze der Milchsäure), siehe Säuren und Säureregulatoren (Seite 60)	
E 331 bis E 333	Citrate (Salze der Citronensäure) siehe Säuren und Säureregulatoren (Seite 60)	
E 338 bis E 341, 343, E 450, 540, 543, 544	Orthophosphorsäure und ihre Salze	
E 338	Orthophosphorsäure	durch chemische Verfahren aus phosphathaltigen Erzen gewonnen
E 339	Natriumorthophosphate	Salze der Orthophosphorsäure
E 340	Kaliumorthophosphate	Salze der Orthophosphorsäure
E 341	Calciumorthophosphate	Salze der Orthophosphorsäure
343	Magnesiumortho-phosphate	Salze der Orthophosphorsäure
E 450a	Diphosphate (Natrium- und Kaliumsalze)	zweiwertige Salze der Phosphorsäure
E 450b	Triphosphate (Natrium- und Kaliumsalze)	dreiwertige Salze der Phosphorsäure
E 450c	Polyphosphate (Natrium- und Kalium-salze)	mehrwertige Salze der Phosphorsäure
540	Dicalciumdiphosphat	Salz der Phosphorsäure
543	Calciumnatriumpoly-phosphat	Salz der Phosphorsäure
544	Calciumpolyphosphate	Salze der Phosphor-säure

Verwendung des Stoffes in Lebensmitteln	Nebenwirkungen	Beurteilung
Orthophosphorsäure ist ein Säuerungsmittel für koffeinhaltige Getränke (Colalimonaden); ihre Salze sind die Phosphate und die Polyphosphate (extrem vielseitige Zusatzstoffe), sie binden Wasser und wirken quellend auf Eiweißstoffe; bei der Schmelzkäseherstellung dienen sie als Schmelzsalze, bei der Wurstherstellung sind sie bei Verwendung von Kaltfleisch als „Kuttermittel" nötig; Phosphate werden aber auch in Kondensmilch-, Trockenmilch- und Sahneprodukten, in Schmelzkäse, Brühwürsten und Eiscreme verwendet	Phosphate werden, unabhängig vom Typ der Verbindung, vom menschlichen Körper als Phosphatanionen aufgenommen; diese Anionen sind für unseren Organismus lebensnotwendig, jedoch kann das Verhältnis zum ebenfalls unentbehrlichen Calcium bei hoher Dosierung gestört sein und möglicherweise Veränderungen im Knochenbau bewirken; Phosphate wurden als Auslöser für Lernschwierigkeiten bei Kindern diskutiert; eine klinische Studie konnte diese These aber nicht untermauern	R

Nahrungsmittel- und Zusatzstoffallergien

Allergien entstehen durch eine Reaktion des Immunsystems auf die wiederholte Einwirkung sogenannter Allergene, das heißt körperfremder Stoffe, die zu einer „Überempfindlichkeit", der Allergie, führen. Beim ersten Kontakt mit einem allergieauslösenden Stoff tritt noch keine echte Allergie auf, da zunächst die Bildung von Antikörpern gegen den „Eindringling" erfolgt. Dieser Prozeß wird als Sensibilisierung bezeichnet. Bei erneuter Einwirkung eines Allergens erfolgt jedoch eine antikörpervermittelte Abwehrreaktion des Organismus, die sich als Allergie äußert. Die Bereitschaft, eine Allergie zu entwickeln, ist häufig von erblichen Faktoren abhängig.

Eine allergische Reaktion kann bereits wenige Minuten nach dem Kontakt mit einem Allergen auftreten (Sofortreaktion) und dabei unterschiedliche Schweregrade aufweisen, bis hin zum selten auftretenden, aber lebensbedrohlichen Schock. Das körpereigene Gewebshormon Histamin spielt bei dieser Sofortreaktion eine zentrale Rolle, da es eine Reihe von Krankheitssymptomen, wie asthmatische Beschwerden oder Schleimhautreizungen verursacht. Sogenannte Spätreaktionen auf allergieauslösende Stoffe treten erst nach Stunden oder gar Tagen auf, also zu einem Zeitpunkt, an dem es häufig nur noch schwer möglich ist, Rückschlüsse auf die Ursache der Erkrankung zu ziehen. Das schematische Denken in Ursache-Wirkungs-Beziehungen ist somit oft nicht mehr möglich.

Neben den eben beschriebenen echten Allergien gibt es auch **pseudoallergische Reaktionen**, die nicht spezifisch auf ein ganz bestimmtes Allergen erfolgen, die jedoch gleichermaßen auf einer Beeinflussung des Immunsystems beruhen. Bei einer pseudoallergischen Reaktion kommt es durch einen chemischen oder physikalischen Reiz zu einer direkten Freisetzung, insbesondere von Histamin, obwohl noch keine vorherige Ausbildung von Antikörpern erfolgt war.

Ein Allergen muß bestimmte strukturelle Merkmale und eine gewisse Mindestgröße aufweisen, damit es zu einer Bildung von Antikörpern kommt. Diese Eigenschaften erfüllen vor allem körperfremde Eiweißstoffe. Allergische Reaktionen können jedoch auch durch deutlich kleinere Fremdstoffe verursacht werden, die nach einer Kopplung an körpereigene

Proteine allergieauslösende Eigenschaften erhalten. Gerade Überempfindlichkeitsreaktionen auf Zusatzstoffe entstehen meist nach diesem Wirkungsprinzip und äußern sich insbesondere durch Beschwerden im Verdauungstrakt. So zählen Durchfall, Erbrechen und Bauchschmerzen zu den häufigsten Symptomen, aber auch Hautreaktionen, Asthma, Blutarmut und Kopfschmerzen können als Folgen einer Nahrungsmittelallergie auftreten. Bei der Beurteilung von Nahrungsmittelallergien ist es häufig schwer, manchmal sogar unmöglich, die genaue Ursache der Allergie herauszufinden. Dies gilt in besonderem Maße für die bereits erwähnten Spätreaktionen. Eine eindeutige Abgrenzung von Nahrungsmittel- und Zusatzstoffallergien ist oftmals nicht möglich. Relativ einfach zu diagnostizieren sind vor allem allergische Erkrankungen, die gezielt durch ein bestimmtes Lebensmittel ausgelöst werden können und die bei Verzicht auf das entsprechende Nahrungsmittel wieder abklingen. So können zum Beispiel Allergien gegen Erdbeeren oder Krustentiere oftmals schnell erkannt werden. Die Kuhmilchallergie ist eine der bekanntesten Nahrungsmittelallergien. Sie wird durch Eiweißstoffe in der Milch ausgelöst und tritt vor allem bei Säuglingen auf. Des weiteren sind allergische Reaktionen auf Eier, Fisch und Zitrusfrüchte verhältnismäßig häufig.

Die wissenschaftliche Untersuchung allergischer oder pseudoallergischer Erkrankungen durch Zusatzstoffe ist leider noch nicht sehr weit fortgeschritten, da sie sich ungleich schwieriger gestaltet als die Erforschung klassischer Nahrungsmittelallergien. Die Bereitschaft mancher Zusatzstoffe, mit anderen Substanzen chemische Reaktionen einzugehen, und ihre Eigenschaft, in eine Vielzahl von Produkten abgebaut zu werden, schafft äußert komplizierte Verhältnisse. Die Geschwindigkeit dieser Reaktionen von Zusatzstoffen kann durch Faktoren wie Erwärmung und Lichteinfall, die vor allem während der Lagerung und Zubereitung von Lebensmitteln mit Zusatzstoffen vorhanden sind, noch beschleunigt werden. Die dabei entstehenden Reaktions- und Abbauprodukte können dann neue Allergene darstellen, die erneut um- oder abgebaut werden, vielleicht sogar zu weiteren Allergenen, die wieder reagieren. Die wirksamste, nicht medikamentöse Therapie gegen eine Allergie ist die sogenannte Antigenkarenz, daß heißt, die strikte Meidung der allergieauslösenden Substanzen.

Konservierung von Lebensmitteln durch Bestrahlung

Lebensmittel können durch Bestrahlung mit radioaktiven Isotopen und mit Röntgenstrahlen haltbar gemacht werden. Diese Technik zur Konservierung von Lebensmitteln wurde nach dem Zweiten Weltkrieg entwickelt, als man nach friedlichen Nutzungsmöglichkeiten für die Kernenergie suchte. Sie war allerdings von Anfang an umstritten. Dennoch ist bis heute diese Art von Konservierung in ungefähr 40 Ländern der Erde für ausgewählte Lebensmittel erlaubt. Innerhalb der EG könnte die Strahlungskonservierung im Zuge von Gesetzesangleichungen für den gemeinsamen EG-Binnenmarkt zunehmen.

Prinzip der Konservierung durch Bestrahlung

Der sterilisierende Effekt radioaktiver Strahlung beruht darauf, daß sie die Erbsubstanz (DNS) und die Proteine von Zellen schädigt. Die den Lebensmitteln anhaftenden Schädlinge (Insekten, Pilze und Bakterien) werden dadurch in ihrem Wachstum gebremst oder abgetötet, wobei die Wirksamkeit dieser Behandlung von der verwendeten Strahlendosis und von dem zu bekämpfenden Organismus abhängig ist. Die Strahlungsempfindlichkeit eines Lebewesens nimmt mit der Höhe seiner Entwicklungstufe zu. So sind zum Abtöten von Bakterien höhere Strahlungsmengen erforderlich als zum Abtöten von Insekten. Viren lassen sich nur durch extrem hohe Strahlendosen vernichten.

Der für eine Konservierung von Lebensmitteln durch Bestrahlung verwendete Begriff „radioaktive Bestrahlung" ist eigentlich falsch, da nicht die Strahlung an sich radioaktiv ist, sondern nur die Materie, die diese aussendet. So werden das bestrahlte Lebensmittel und seine Verpackung selbst nicht radioaktiv. Die zu bestrahlenden Lebensmittel werden auf einem Förderband an der Strahlenquelle vorbeigeführt und auf diese Weise konserviert. Meist handelt es sich bei der Strahlenquelle um Kobalt 60 (^{60}Co), eine radioaktive Form des Metalls Kobalt.

Da einige Lebensmittel bereits bei geringen Strahlendosen eine deutliche Veränderung in bezug auf Geruch, Geschmack,

Konsistenz und Farbe zeigen (dies gilt insbesondere für Milch-
und Fleischprodukte, aber auch für frisches Obst und
Gemüse), eignen sich nur bestimmte Lebensmittel für diese
Art der Konservierung.

Bestrahlung von Lebensmitteln – pro und contra

Die Befürworter der Bestrahlung von Lebensmitteln halten
dies für eine moderne Form der Konservierung, die effektiv
ist, sicher gehandhabt werden kann und keine Gefahren für
die menschliche Gesundheit in sich birgt. In industrialisierten
Ländern soll die Bestrahlung helfen, die Anzahl der lebens-
mittelbedingten Infektionen und Vergiftungen (ungefähr
90 000 Fälle pro Jahr in den alten Bundesländern) drastisch zu
senken. Hier wird zum Beispiel daran gedacht, die Gefahr
einer Salmonellen-Vergiftung durch eine Bestrahlung von
Geflügel auszuschließen. Weitere potentielle Nutzer dieser
Art der Konservierung könnten die Entwicklungsländer sein,
denn dort sind bis zu 50 Prozent der Lebensmittelproduktion
mikrobiell verunreinigt oder von Insekten befallen und können
daher nicht weiterverwendet werden.
Die Gegner der Bestrahlung halten diese Konservierungs-
technik für gesundheitlich bedenklich und für schlichtweg
überflüssig. Die Ungefährlichkeit der Bestrahlung ist tatsächlich unter den Wissenschaftlern noch sehr umstritten.
Versuche, bei denen Nagetiere mit bestrahlten Lebensmitteln
gefüttert wurden, haben zu Schlußfolgerungen geführt, die
von toxikologischer Unbedenklichkeit bis hin zur möglichen
krebsauslösenden Wirkung reichen. Fest steht jedenfalls,
daß sich bei der Bestrahlung eine Vielzahl von Substanzen bilden, die bisher nicht alle identifiziert werden konnten. Viele
dieser Stoffe entstehen zwar auch bei herkömmlichen
Konservierungsverfahren; es läßt sich aber nicht aus-
schließen, daß auch andere, bislang unentdeckte Verbindungen mit gesundheitsgefährdender Wirkung darunter
sind. Unter diesem Aspekt ist es verwunderlich, daß der für
Lebensmittelzusatzstoffe gültige Sicherheitsfaktor von 100
(siehe Seite 16) für die Strahlungskonservierung nicht gelten
soll. Die Bestrahlung eines Lebensmittels fällt beispielsweise
auch nicht unter die Gruppe der Zusatzstoffe, obwohl es in
bestrahlten Erzeugnissen nachweislich zu chemischen Veränderungen kommt.

Der Umfang der Strahlungskonservierung

Die Anzahl der Staaten, in denen Lebensmittel zum Zwecke der Konservierung bestrahlt werden, und die Palette der auf diese Weise konservierten Erzeugnisse nimmt ständig zu. So ist die Bestrahlung bereits in sieben EG-Staaten für ausgewählte Produkte erlaubt. In der Bundesrepublik Deutschland ist sie zur Zeit noch verboten, und es dürfen auch keine bestrahlten Lebensmittel importiert werden. Jedoch sind auch hier Interessenverbände darum bemüht, die Bestrahlung von Lebensmitteln zu legalisieren. Die ersten Produkte, für die eine Erlaubnis angestrebt wird, sind die Gewürze. Vermutlich soll die Akzeptanz der Verbraucher an diesen für die Ernährung eher unbedeutenden Produkten getestet werden. Auch könnte innerhalb des EG-Binnenmarktes eine Angleichung der Rechtslage erfolgen, um eine Wettbewerbsverzerrung zu verhindern.

Die folgende Auflistung weist alle Länder aus, in denen die genannten Lebensmittel zum Zwecke der Konservierung bestrahlt werden dürfen (Stand 15.01.1991). Leider gibt es zur Zeit noch kein analytisches Verfahren, mit dem sich die Bestrahlung von Lebensmitteln einwandfrei nachweisen läßt. Daher kann es rein theoretisch möglich sein, daß auch Sie schon einmal bestrahlte Lebensmittel gegessen haben.

- Erdbeeren: Arg, Bel, Bra, Chi, Fra, Isr, Süd, Syr, Tha, Ung
- Fischerzeugnisse/ Fischfilets: Ban, Bra, Nie, Syr, Tha, Vie
- Gewürze: Arg, Ban, Bel, Bra, Chil, Dän, Fin, Fra, Indi, Indo, Isr, Jug, Kan, Kor, Nie, Nor, Pak, Pol, Süd, Syr, Tai, Tha, Ung, USA
- Hühnerfleisch und Geflügel: Ban, Bra, Chi, Fra, GUS, Isr, Jug, Nie, Süd, Syr, Tha, Ung
- Kartoffeln: Arg, Ban, Bel, Bra, Bul, Chil, Chin, Fra, GUS, Indi, Indo, Isr, Ita, Jap, Jug, Kan, Kor, Kub, Pak, Phi, Pol, Spa, Süd, Syr. Tai, Tha, Tsc, Ung, Uru, USA, Vie
- Knoblauch: Arg, Bel, Bul, Chin, Fra, Indo, Isr, Ita, Jug, Kor, Mex, Pak, Phi, Pol, Süd, Tha, Vie
- Reis: Ban, Bra, Chin, Syr, Tai, Tha
- Trockenfrüchte, Trockengemüse, entwässertes Gemüse: Bul, Fra, GUS, Isr, Jug, Kan, Nie, USA
- Zwiebeln: Arg, Ban, Bel, Bra, Bul, Chil, Chin, Fra, GUS, Indi, Isr, Ita, Jug, Kan, Kor, Kub, Pak, Phi, Pol, Spa, Süd, Syr, Tai, Tha, Tsc, Ung, Vie

Abkürzungen der Länder:
Arg = Argentinien, Ban = Bangladesch, Bel = Belgien, Bra =
Brasilien, Bul = Bulgarien, Chil = Chile, Chin = China, Dän =
Dänemark, Fin = Finnland, Fra = Frankreich, GUS =
Gemeinschaft unabhängiger Staaten, Indi = Indien, Indo =
Indonesien, Isr = Israel, Ita = Italien, Jap = Japan, Jug = ehe-
maliges Jugoslawien, Kan = Kanada, Kor = Korea, Kub = Kuba,
Mex = Mexiko, Nie = Niederlande, Nor = Norwegen, Pak =
Pakistan, Phi = Philippinen, Pol = Polen, Spa = Spanien, Süd =
Südafrika, Syr = Syrien, Tai = Taiwan, Tha = Thailand, Tsc =
CSFR, Ung = Ungarn, Uru = Uruguay, USA = USA, Vie =
Vietnam

Über die genannten Erzeugnisse hinaus dürfen in vielen
Ländern noch weitere Lebensmittel bestrahlt werden, die
aber hier aus Platzgründen nicht alle genannt werden können.
So sind zum Beispiel innerhalb der EG die folgenden Lebens-
mittel von wichtigen Agrarproduzenten für die Strahlungs-
konservierung zusätzlich zugelassen:
– Belgien: Schalotten, Pfeffer, Paprikapulver, Gummi arabi-
  cum, Garnelen und Kräutertee
– Frankreich: Schalotten, Gummi arabicum, müsliartige
  Kornerzeugnisse, Froschschenkel, geschälte Garnelen
– Niederlande: Garnelen, Kräuter

Sondertabelle: Lebensmittelgruppen und für sie zugelassene Zusatzstoffgruppen

In dieser Sondertabelle finden Sie eine alphabetisch aufgebaute Liste von Lebensmittelgruppen mit den für sie gesetzlich zugelassenen Zusatzstoffen. Diese Aufstellung gibt Ihnen die Möglichkeit, sich einen ersten Eindruck davon zu verschaffen, welche Zusatzstoffe häufig in den aufgeführten Produkten enthalten sind.

Lebensmittelgruppe	gesetzlich zugelassene Zusatzstoffe

Brot und Gebäck

Brot allgemein, frisches Brot	Emulgatoren auf der Basis von Lecithin oder Vorstufen der Speisefette, Zuckercouleur ist nicht mehr als Farbstoff zugelassen, Gelier- und Dickungsmittel, Säuerungsmittel
Brötchen	Emulgatoren auf der Basis von Lecithin oder Vorstufen der Speisefette, Gelier- und Dickungsmittel
Gebäck oder Kleingebäck (allgemein)	Sorbinsäure als Konservierungsmittel, Farbstoffe, Aromastoffe, Emulgatoren, Gelier- und Dickungsmittel, Antioxidationsmittel
Gebäck mit Apfelmark- oder Rosinenzusatz	Sorbinsäure als Konservierungsmittel, Schwefeldioxid in den Früchten oder in der Fruchtzubereitung
Gebäck mit Zuckerüberzug	Sorbinsäure als Konservierungsmittel, Farbstoffe
gefülltes Kleingebäck	Farbstoffe, Konservierungsstoffe, Antioxidationsmittel
Schnittbrot	Emulgatoren auf der Basis von Lecithin oder Vorstufen der Speisefette, Zuckercouleur ist nicht mehr als Farbstoff zugelassen, Gelier- und Dickungsmittel, Sorbinsäure als Konservierungsmittel, Phosphate, Säuerungsmittel

Lebensmittelgruppe	gesetzlich zugelassene Zusatzstoffe

Eier

frische Eier	keine Zusatzstoffe
Eigelb (als Rohstoff für die Lebensmittelindustrie)	Konservierungsstoffe
Vollei (flüssig)	Konservierungsstoffe

Fette und Öle

Butter	nur beta-Carotin ist als natürlicher Farbstoff erlaubt
Halbfettmargarine	Emulgatoren, Farbstoff (beta-Carotin), Konservierungsstoffe
Margarine	Emulgatoren, Farbstoff (beta-Carotin), selten Sorbinsäure als Konservierungsmittel
Öle	Antioxidationsmittel, Farbstoff (beta-Carotin)

Fisch und Fischprodukte

frischer Fisch	keine Zusatzstoffe
Anchovispaste	Farbstoffe, Konservierungsstoffe
Fischmarinaden	Farbstoffe, Konservierungsstoffe
Fischpasteten	Farbstoffe, Konservierungsstoffe, Emulgatoren, evtl. Nitrat oder Nitritpökelsalz, Geschmacksverstärker
Fischrogenerzeugnisse	Farbstoffe, Konservierungsstoffe
Fischsalate	Farbstoffe, Konservierungsstoffe, Emulgatoren und Stabilisatoren, Gelier- und Dickungsmittel, Süßstoffe, Zuckeraustauschstoffe, evtl. Nitrat und Nitritpökelsalz, Geschmacksverstärker
Garnelenkonserven	Farbstoffe, Konservierungsstoffe
Lachsersatz (Seelachs)	Farbstoffe, Konservierungsstoffe

Lebensmittelgruppe	gesetzlich zugelassene Zusatzstoffe
Salzfisch in Öl	Konservierungsstoffe
Salzheringserzeugnisse	Konservierungsstoffe

Fleisch- und Wurstwaren

frisches Fleisch	keine Zusatzstoffe
Aspikfleisch und Sülze	Konservierungsstoffe, Nitrat und Nitritpökelsalz, Gelier- und Dickungsmittel
Brühwürste	Nitrat oder Nitritpökelsalz, Sorbinsäure als Oberflächenkonservierungsmittel, Antioxidationsmittel, Phosphate, Geschmacksverstärker, Emulgatoren, Gelier- und Dickungsmittel
Fleischprodukte (allgemein)	Konservierungsstoffe, Antioxidationsmittel, Nitrat und Nitritpökelsalz, Dickungs- und Geliermittel, Geschmacksverstärker
Fleischsalate	Konservierungsstoffe, Antioxidationsmittel, evtl. Nitrat und Nitritpökelsalz, Emulgatoren und Stabilisatoren, Gelier- und Dickungsmittel, Süßstoffe, Zuckeraustauschstoffe, Geschmacksverstärker
Kochwurst	Nitrat oder Nitritpökelsalz, Sorbinsäure als Oberflächenkonservierungsmittel, Antioxidationsmittel, Phosphate, Geschmacksverstärker, Emulgatoren, Gelier- und Dickungsmittel
Pasteten	Nitrat oder Nitritpökelsalz, Emulgatoren, Antioxidationsmittel, Milcheiweiß, Gelier- und Dickungsmittel, Phosphate, Geschmacksverstärker
roher Schinken	Nitrat oder Nitritpökelsalz, Sorbinsäure als Oberflächenkonservierungsmittel
Rohwürste	Nitrat oder Nitritpökelsalz, Sorbinsäure als Oberflächenkonservierungsmittel, Antioxidationsmittel, Phosphate, Geschmacksverstärker, Emulgatoren, Gelier- und Dickungsmittel
Sauerfleisch	Nitrat oder Nitritpökelsalz, Konservierungsmittel

Lebensmittelgruppe	gesetzlich zugelassene Zusatzstoffe

Getränke

Brausen und Brause- pulver	Farbstoffe, künstliche Aromastoffe, Konser- vierungsstoffe
Colagetränke	Farbstoffe, künstliche Aromastoffe, Phosphate
Erfrischungsgetränke	Farbstoffe, künstliche Aromastoffe
Fruchtsäfte und Nektare	keine Zusatzstoffe
Fruchtsaftgetränke	selten Farbstoffe, Konservierungsstoffe können über Zwischenprodukte eingebracht sein
künstliche Heiß- und Kaltgetränke	Farbstoffe, Konservierungsstoffe, künstliche Aromastoffe
Limonaden	Farbstoffe, Konservierungsstoffe, künstliche Aromastoffe

Getreide und Getreideerzeugnisse

Getreidegrütze	Schwefeldioxid
Getreidesnacks	Antioxidationsmittel, Aromastoffe
Graupen	Schwefeldioxid
Müsli	Schwefeldioxid aus getrockneten Aprikosen oder Rosinen

Käse

Käse (allgemein)	nur beta-Carotin als Farbstoff
Käseüberzüge	Farbstoffe, Konservierungsstoffe, Natamycin (mit Kennzeichnung)
Schmelzkäse	Farbstoffe (nur beta-Carotin und Lactoflavin), Phosphate, Gelier- und Dickungsmittel, nur natür- liche Antioxidationsmittel, wie die Vitamine C und E

Lebensmittelgruppe	gesetzlich zugelassene Zusatzstoffe

Milch und Milchprodukte

Milcherzeugnisse wie Joghurt, Buttermilch, Dickmilch, Kefir	Dickungs- und Geliermittel, Konservierungsstoffe, Farbstoffe, Aromastoffe, Antioxidationsmittel, Emulgatoren
Trinkmilch	keine Zusatzstoffe

Obst und Gemüse

frisches Obst	Konservierungsstoffe nur zur Behandlung der Schale von Zitrusfrüchten und Bananen
Obstkonserven	Ascorbinsäure (Vitamin C) als Antioxidationsmittel, Milch-, Wein-, Äpfel- und Zitronensäure
Apfelstücke, roh und geschält für gewerbliche Backzwecke	Schwefeldioxid
Erdbeerkonserven	Farbstoffe
Erdbeermark (sterilisiert)	Farbstoffe
Fruchtfüllungen	Gelier- und Dickungsmittel
Fruchtzubereitungen zur Verwendung in Milchprodukten (z. B. in Joghurt)	Konservierungsstoffe
Früchte und Obstmark zur Weiterverarbeitung in Süßwaren und Getränken	Konservierungsstoffe
Himbeerkonserven	Farbstoffe
Himbeermark (sterilisiert)	Farbstoffe
Ingwer in Sirup	Schwefeldioxid
kandierte Früchte und Belegfrüchte (ausgenommen Zitronat und Orangeat)	Schwefeldioxid, Farbstoffe

Lebensmittelgruppe	gesetzlich zugelassene Zusatzstoffe
Kirschkonserven	Farbstoffe
Kirschmark (sterilisiert)	Farbstoffe
Pflaumenkonserven	Farbstoffe
Schalen von Zitrusfrüchten (getrocknet oder zerkleinert)	Konservierungsstoffe
Schalen von Zitrusfrüchten für gewerbliche Backzwecke	Konservierungsstoffe, Schwefeldioxid
Trockenfrüchte (Aprikosen, Birnen, Äpfel, Quitten, Ananas, Pfirsiche, Weintrauben)	Schwefeldioxid
Trockenpflaumen und Trockenfeigen	Konservierungsstoffe
Zitronat und Orangeat	Schwefeldioxid
frisches Gemüse	keine Zusatzstoffe
Gemüsesalate (Konserve)	Konservierungsstoffe, Emulgatoren und Stabilisatoren, Gelier- und Dickungsmittel, Süßstoffe, Zuckeraustauschstoffe, evtl. Nitrat und Nitritpökelsalz, Geschmacksverstärker
Kartoffelerzeugnisse (getrocknet, zur Herstellung von Klößen und Kartoffelbrei)	Stabilisatoren, Dickungsmittel, Phosphate, Antioxidationsmittel, Riboflavin zur Farbverbesserung, Emulgatoren
Kartoffelsalat	Konservierungsstoffe, Emulgatoren und Stabilisatoren, Gelier- und Dickungsmittel, Süßstoffe, Zuckeraustauschstoffe, evtl. Nitrat und Nitritpökelsalz, Geschmacksverstärker
Knoblauch (zerkleinert)	Schwefeldioxid
Meerrettich (zerkleinert)	Schwefeldioxid, Konservierungsstoffe
Oliven (Konserven)	Farbstoffe, Konservierungsstoffe

Lebensmittelgruppe	gesetzlich zugelassene Zusatzstoffe
Paprikamark	Konservierungsstoffe
Sauergemüse	Schwefeldioxid, Konservierungsstoffe
Würzmittel aus Zitronensaft	Konservierungsstoffe
Zwiebeln (getrocknet)	Schwefeldioxid, Konservierungsstoffe
Zwiebeln (zerkleinert)	Schwefeldioxid, Konservierungsstoffe

Süßwaren und Süßspeisen

Bonbons und ähnliche Süßwaren	Farbstoffe, Aromastoffe, Konservierungsstoffe, Emulgatoren, Gelier- und Dickungsmittel
Cremespeisen (Fertigprodukte)	Farbstoffe, Aromastoffe, Emulgatoren, Gelier- und Dickungsmittel
Cremespeisen (Pulver)	Farbstoffe, Aromastoffe, Emulgatoren, Gelier- und Dickungsmittel
Geleespeisen	Farbstoffe, Aromastoffe, Emulgatoren, Gelier- und Dickungsmittel
Karamel	Schwefeldioxid
Kaugummi	Antioxidationsmittel, Gelier- und Dickungsmittel, Farbstoffe, Süßstoffe und Zuckeraustauschstoffe
Marmeladen und Konfitüren mit normalem Kaloriengehalt	keine Farb- und Konservierungsstoffe erlaubt
Marmeladen und Konfitüren als Diät- oder Diabetikerprodukte	Konservierungsstoffe, Süßstoffe, Zuckeraustauschstoffe
Marzipan	Farbstoffe, Konservierungsstoffe, Antioxidationsmittel
Nougatcremes	Antioxidationsmittel, Emulgatoren
Pralinen und Konfekt	Emulgatoren, Dickungs- und Geliermittel, Konservierungsstoffe (in Frucht- oder Marzipanfüllungen)

Lebensmittelgruppe	gesetzlich zugelassene Zusatzstoffe
Puddings (Fertigprodukte)	Aromastoffe, Farbstoffe, Gelier- und Dickungsmittel, Emulgatoren
Puddings (Pulver)	Aromastoffe, Farbstoffe, Gelier- und Dickungsmittel, Emulgatoren
Rote Grütze	Aromastoffe, Farbstoffe, Gelier- und Dickungsmittel
Schokolade	Emulgatoren, sehr selten künstliche Aromastoffe (nur Ethylvanillin erlaubt), Dickungs- und Geliermittel; generell enthält Schokolade wenig Zusatzstoffe, Konservierungsstoffe können nur über Vorprodukte der Schokoladenherstellung in das Endprodukt gelangen
Speiseeis	Gelier- und Dickungsmittel, Emulgatoren, Farbstoffe, Aromastoffe
Weingummi und ähnliche Produkte	Gelier- und Dickungsmittel, Farbstoffe, evtl. Süßstoffe und Zuckeraustauschstoffe

Suppen, Saucen und Würzmittel

Essig	als Farbstoff nur Zuckercouleur, Süßstoffe
Gewürzsaucen	Konservierungsstoffe, Aromastoffe, Antioxidationsmittel, Emulgatoren, Gelier- und Dickungsmittel
Mayonnaise	Konservierungsstoffe, Antioxidationsmittel, Emulgatoren
Salatsaucen	Konservierungsstoffe, Antioxidationsmittel, Aromastoffe, Emulgatoren, Gelier- und Dickungsmittel
Senf	selten Konservierungsstoffe, Süßstoffe nur indirekt über den im Senf enthaltenen Essig
Sojasauce	Konservierungsstoffe
Suppen (insbesondere Trockensuppen)	Konservierungsstoffe, Aromastoffe, Antioxidationsmittel, Emulgatoren, Gelier- und Dickungsmittel

E-Nummernverzeichnis

Register